| 青少年**信息素养教育**系列丛书 |

数学计算与编程（Python版）

李雁翎　胡学钢　主　编
乔亚男　苏莉蔓　副主编

清华大学出版社
北　京

内 容 简 介

本书主要面向中学生或具有一定数学知识基础的读者，内容通俗易懂，数学理论内容和编程实践案例相结合，每个实例代码均通过调试验证，易于学习和掌握。本书可以作为中学数学课程的拓展教材，有助于激发学生的学习热情，加深对数学知识的理解和应用能力，也可以作为Python趣味编程教材，培养数学思维和计算思维。希望读者能够从本书中受益，学到需要的知识，体会到数学之美和编程的力量。

图书在版编目 (CIP) 数据

数学计算与编程 : Python版 / 李雁翎，胡学钢主编 . —北京：清华大学出版社，2023.8

（青少年信息素养教育系列丛书）

ISBN 978-7-302-64057-8

Ⅰ . ①数…　Ⅱ . ①李… ②胡…　Ⅲ . ①软件工具—程序设计—青少年读物
Ⅳ . ① TP311.561-49

中国国家版本馆 CIP 数据核字 (2023) 第 126932 号

责任编辑： 张　民　薛　阳
封面设计： 傅瑞学
版式设计： 方加青
责任校对： 申晓焕
责任印制： 沈　露

出版发行： 清华大学出版社
　　网　　址： http://www.tup.com.cn，http://www.wqbook.com
　　地　　址： 北京清华大学学研大厦 A 座　　**邮　　编：** 100084
　　社 总 机： 010-83470000　　**邮　　购：** 010-62786544
　　投稿与读者服务： 010-62776969，c-service@tup.tsinghua.edu.cn
　　质 量 反 馈： 010-62772015，zhiliang@tup.tsinghua.edu.cn
印 装 者： 三河市龙大印装有限公司
经　　销： 全国新华书店
开　　本： 185mm×260mm　　**印　　张：** 12　　**字　　数：** 126 千字
版　　次： 2023 年 10 月第 1 版　　**印　　次：** 2023 年 10 月第 1 次印刷
定　　价： 68.00 元

产品编号：096325-01

数学是人类文化的重要组成部分，它映射着科技的进步，数学可以帮助我们更好地认识世界，利用数学计算可以有效地分析和解决生活中的各种问题。计算机是现代科技发展重要的里程碑，程序设计则为数学计算插上了有力的翅膀。同样，计算机编程技术，包括前沿的人工智能技术，其背后往往都蕴含着数学的影子。所以，数学计算与程序设计本就是密不可分、相辅相成的。

说到数学与编程，大多都是谈数学对编程的重要性，因为编程中算法的核心就是数学，学好数学更容易接受编程知识。但实际上两者是相融相通的，学好了编程对学习数学也大有帮助。例如，对于许多中学生来说，数学概念太抽象，我们可以通过编程将抽象的数学概念转换为看得见的图、会动的画，同时，数学的真正难点在于推理的逻辑思维，编程启发的就是学生的这种潜能。

本书正是基于这样的初衷，力求通过精选的10个典型案例，将数学问题与编程计算有机结合，让读者在解决数学问题中锻炼计算思维，从抽象的问题中找出具体的路径，同时在编程中体会数学之美，感受利用编程解决数学问题的力量。

本书案例丰富，趣味性强，讲解浅显易懂，案例思路清晰，每个案例都有问题情境引入、问题分析、算法设计、编程实现和拓展训练等内容，能够激发读者的学习兴趣，对所学知识更容易理解和掌握，锻炼利用编程解决实际问题的思维方法和能力。本书编程部分基于 Python 语言来实现。Python 作为一种解释型的编程语言，具有简洁、易读、灵活和可扩展等特点，深受广大程序设计爱好者的追捧。

全书共 10 章，主要内容如下。

第 1 章为数字进制，通过有趣的“数字心灵感应”游戏，理解计算机中非常重要的二进制数字编码。

第 2 章为几何图形，利用 Python 语言中的绘图库来绘制丰富的几何图形，在绘画的过程中进一步理解几何图形中的边角数量和关系。

第 3 章为圆周率，神秘的圆周率可以轻松利用计算机程序模拟经典的投针实验计算出来，同时深刻体会计算思维中抽象和转化的思想。

第 4 章为概率，通过抽奖游戏中的概率问题理解频率与概率的关系，并通过编程模拟计算事件发生的概率。

第 5 章为物体的抛物线运动，通过绘制飞机空投救灾物资的动画，加深对抛物线的理解和应用能力。

第 6 章为一元一次函数图像，以沙尘暴预测分析为背景，讨论一元一次函数的编程实现，以及绘制函数图形。

第 7 章为三角函数，通过编程实现一个实时动态的时钟，学会用三角函数相关知识计算指针的旋转角度等，理解三角函数在数学中的重要作用。

第 8 章为函数与曲线，编程绘制美丽的科赫雪花曲线，探究分形结构的规律特点和绘制方法，体会递归算法的思想原理。

第 9 章为数学游戏，通过报数游戏和奖品购买问题理解解析算法和枚举算法，感受计算机在计算方面的速度优势。

第 10 章为统计图表，以学生成绩统计分析为背景，学习用 Python 制作统计图表的方法，进一步体会各类图表的特点。

编者

2023 年 7 月

目录
CONTENTS

同学们从小就知道 1+1=2，那么请思考这样一个问题：1+1 会不会不等于 2？或者 1+1 在什么情况下等于 10（一零）？或许有同学想说，在算错的情况下等于 10。但是，这不是一个脑筋急转弯问题。其实，在特定条件下“1+1=10”这个算式是可以成立的，也就是当这个算式在二进制下是成立的，因为二进制是满 2 进 1。

有人说数学是枯燥的，其实不然，本章我们将一起学习一个非常有意思的“数字心灵感应”游戏。

1.1 问题情境

“数字心灵感应”是一个有趣的小游戏，游戏过程中有 N 个框，每个框里都有一些数字（同一数字可以在不同的框内出现），让玩家心里选中一个数字，并指出这个数字在哪些框内出现，就可以迅速地猜到玩家选中的数字是多少。

“数字心灵感应”小游戏设计如下：把 1~31 打乱分布在 5 个方框内，如图 1-1 所示，每个方框中有若干个 1~31 的数。我们发现，方框 A 里面的所有数都是奇数，方框 B 里面有奇数也有偶数，好像没有什么明显的规律，其他三个方框中的数也是有奇数也有偶数。不同的数出现的次数不同，有些数只出现在某一个方框内，有些数则出现在多个方框内。

1,3,5,7,9,11,13,15,17, 19,21,23,25,27,29,31 A	2,3,6,7,10,11,14,15,18, 19,22,23,26,27,30,31 B	8,9,10,11,12,13,14,15, 24,25,26,27,28,29,30,31 C
4,5,6,7,12,13,14,15,20, 21,22,23,28,29,30,31 D	16,17,18,19,20,21,22,23, 24,25,26,27,28,29,30,31 E	

图 1-1　“数字心灵感应”小游戏

游戏的规则如下。

- 你心里想一个 1~31 的数，不要说出来。
- 我会问你几个简单问题，你想的数出现在 A 框吗？

B 框吗？ C 框吗？ D 框吗？ E 框吗？

- 在的话你就说在，不在的话你就说不在。
- 等你回答完了，我就可以在 1s 内感应出你心里想的那个数，保证百分之百正确，除非你撒谎。

这是如何做到的呢？有同学可能觉得是根据集合的原理，这个方框有那个方框也有，那就是相同的部分了，找到相同的部分就行了。这种方法是可以推测出你心里想的那个数字，但是它的速度并没有那么快。

“数字心灵感应”小游戏的设计有一个更为简便的方法，根本就不用看，只要你告诉他在哪几个方框里面出现就可以快速算出来。

所以，这个小游戏不是心灵感应，而是可以用小学一年级的加法算式计算出来的。

1.2 案例：数字心灵感应

其实，“数字心灵感应”游戏的奥妙在于十进制与二进制之间的转换，每个十进制整数转换成二进制之后，将第 1 位是 1 的所有数字放进 A 方框，将第 2 位是 2 的所有数字放进 B 方框……根据玩家指出这个数字出现的框的编号，得到这个数字的二进制表示，从而迅速算出这个数字是多少。如果不点破，不明就里的游戏参与者是很难发现的。

比如你告诉我一个数在 A、B、C、E 四个方框中出现，那我很快就可以告诉你是 23，这个数是怎么来的？

其实就是 2^0+2^1+2^2+2^4=1+2+4+16=23。

当然，你也可选个简单点，在 B、C 方框内都出现过的。

计算出来的结果就是 2+8=10。

下面我们试着通过编写程序来实现这个游戏，给出玩家所选中数字的所在框的个数 N 和这 N 个框对应的编号，然后计算出这个数字（框的编号从 1 到 N，对应二进制数从右往左数的位数）。

十进制数字与其所对应的二进制数相互转换的过程，解释起来有些麻烦，似乎很多人对逆向转换过程的领悟力远逊于正向的过程。由此，将二进制数与转换成十进制数的过程设计成了一个小游戏“数字心灵感应”，通过在游戏的体验和创意设计的过程中理解二进制数字编码，就去领会计算思维的方法在解决问题中所发挥的独特作用。

对数据执行某种操作，并且对执行操作后得到的结果数据继续执行该操作的方法，就是一种迭代。等到该任务完成后，学生可以更直观地体会到一个机械性的重复操作过程是如何解决数学问题的。

1.2.1 编程前准备

1. 二进制基础

二进制是计算技术中广泛采用的一种数制。二进制数据是用 0 和 1 两个数码来表示的数。它的基数为 2，进位规则是“逢二进一”，借位规则是“借一当二”。

一个 5 位的二进制数表示的最大数是 2^5–1=31，所以

0~31 内的任意一个整数都可以用不超过 5 位的二进制数表示。比如上面那个例子，23 对应的二进制就是 11011，其计算过程可以用表 1-1 所示。

23 的二进制表示为 10111，即 27=16+4+2+1。

表 1-1　二进制数转为十进制数过程

位号	5	4	3	2	1
位权	16	8	4	2	1
对应的二进制数	1	0	1	1	1

“数字心灵感应”游戏玩家猜测的十进制数字对应的二进制的第 x 位为 1，则在设计游戏时该数出现在第 x 组方框上，否则不出现。

再进一步解释：

1——00001

3——00011

5——00101

7——00111

…

29——11101

31——11111

将二进制的第一位（从右往左数）都是 1 的数放进第一组。

将二进制的第二位（从右往左数）都是 1 的数放进第二组。

…

反过来观察，因为 23 的二进制中，第一、二、三、五位

都是 1，所以 27 就会在第 1、2、3、5 组方框中出现。

和十进制相比，二进制具有如下几个优点。

（1）二进制数中只有两个数码 0 和 1，可用具有两个不同稳定状态的元器件来表示一位数码。例如，电路中某一通路的电流的有无，某一节点电压的高低，晶体管的导通和截止等。

（2）二进制数运算简单，大大简化了计算中运算部件的结构。

（3）二进制天然兼容逻辑运算。

同时，由于二进制在日常计数使用上位数往往很长，具有读写不方便的缺点。

2. 导入 Tkinter 库

Tkinter 是 Python 的标准 GUI 库，是非常流行的 Python GUI 工具。Python 使用 Tkinter 可以快速创建 GUI 应用程序。由于 Tkinter 已内置到 Python 的安装包中，只要安装好 Python 之后就能导入 Tkinter 库，而且 IDLE 也是用 Tkinter 编写而成，对于简单的图形界面 Tkinter 能应对自如。

Tkinter 创建顶层窗口可以通过以下步骤。

- 引入 Python 的 Tkinter 模块。
- 创建应用程序的主窗口。
- 在窗口内添加小工具（如标签、按钮、帧等）。
- 呼叫主事件循环，以便捕获在用户的计算机屏幕上的动作。

1）创建一个窗口

在代码里导入库，起一个别名 tk，以后代码里就用 tk 这

```
# 个别名
import tkinter as tk
    # 这个库里面有 Tk() 方法，它的作用是创建一个窗口
root = tk.Tk()
    # 加上这一句，就可以看见窗口了，如图 1-2 所示
root.mainloop()
```

图 1-2　Tkinter 创建一个窗口

2）窗口设置及添加单击事件

```
import tkinter as tk
from tkinter import messagebox
root = tk.Tk()   # 创建窗口
root.title('演示窗口')
root.geometry("300x100+630+80")   # 长 × 宽 +x*y

btn1 = tk.Button(root)   # 创建按钮，并且将按钮放到窗口里面
btn1["text"] = "单击"   # 给按钮起一个名称
btn1.pack()   # 按钮布局
```

```
def test(e):
    "'创建弹窗'"
    messagebox.showinfo("窗口名称","单击成功")

btn1.bind("<Button-1>", test)
                    # 将按钮和方法进行绑定，也就是创建了一个事件
root.mainloop()   # 让窗口一直显示，循环
```

运行效果如图 1-3 所示。

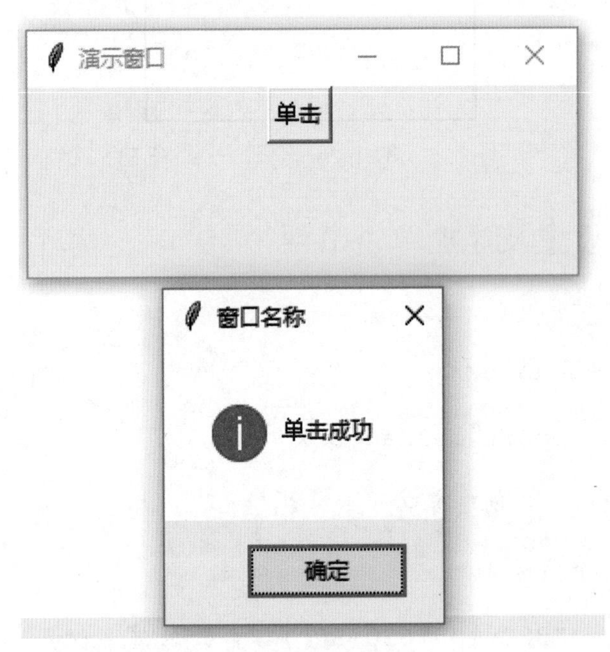

图 1-3　Tkinter 窗口设置及添加单击事件

Tkinter 有各种不同的控件，如按钮、画布、复选框、列表框等，如表 1-2 所示。

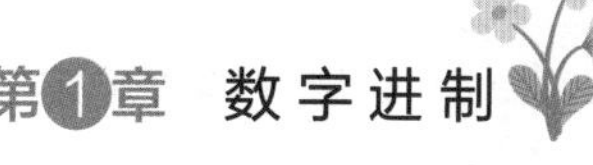

表 1-2 Tkinter 控件

编号	控件	描 述
1	Button	按钮：用于增加各种按钮
2	Canvas	画布：用于在窗口上绘制图形，显示图形元素，如线条或文本
3	Checkbutton	复选框：用于显示多选框
4	Entry	输入控件：显示单行文本域。它一般用于接收用户值
5	Frame	框架：在屏幕上显示一个矩形区域，多用来作为容器，其他控件可以加入进来
6	Label	标签：可以显示文本和位图
7	ListBox	列表框：显示一个字符串列表给用户
8	Menubutton	菜单按钮：显示给用户的菜单项目
9	Menu	菜单：显示菜单栏、下拉菜单和弹出菜单
10	Message	消息：用于显示消息给用户，与 Label 比较类似
11	Radiobutton	单选按钮：不同于 Checkbutton，它向用户提供各种选项，并且用户可以只选择其中一个选项
12	Scale	范围控件：显示一个数值刻度，限定数字区间
13	Scrollbar	滚动条：当内容超过可视化区域时使用，用户可以滚动窗口
14	Text	文本：不同于输入，它提供了一个多行文本域给用户，使得用户能够写入文本和编辑文本
15	Toplevel	容器：被用于创建独立窗口，提供一个单独的对话框
16	Spinbox	输入：与 Entry 类似，但是可以指定输入范围值

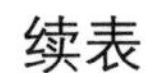
续表

编号	控件	描 述
17	PanedWindow	窗口布局管理：就像一个容器，包含水平或垂直控件的窗格
18	LabelFrame	容器控件：常用于复杂的窗口布局
19	MessageBox	消息框：用来显示消息框的桌面应用程序

1.2.2 算法设计

我们可以设置两个角色：

“感应者”为操作游戏的“上帝视角”；

“被感应者”为玩家。

游戏过程：让“被感应者”在十进制的0~31内任选一个数字，“感应者”分别告知“被感应者”是否在以下各组中。

第一组：1，3，5，7，9，11，13，15，17，19，21，23，25，27，29，31

第二组：2，3，6，7，10，11，14，15，18，19，22，23，26，27，30，31

第三组：4，5，6，7，12，13，14，15，20，21，22，23，28，29，30，31

第四组：8，9，10，11，12，13，14，15，24，25，26，27，28，29，30，31

第五组：16，17，18，19，20，21，22，23，24，25，26，27，28，29，30，31

感应者往往能在较短时间内猜出这一个数字是什么。

例如，出现“被感应者”选中数字的框对应组号分别是 1，2，4，5，“感应者”就能快速知道猜测的数字是 27。

流程图如图 1-4 所示。

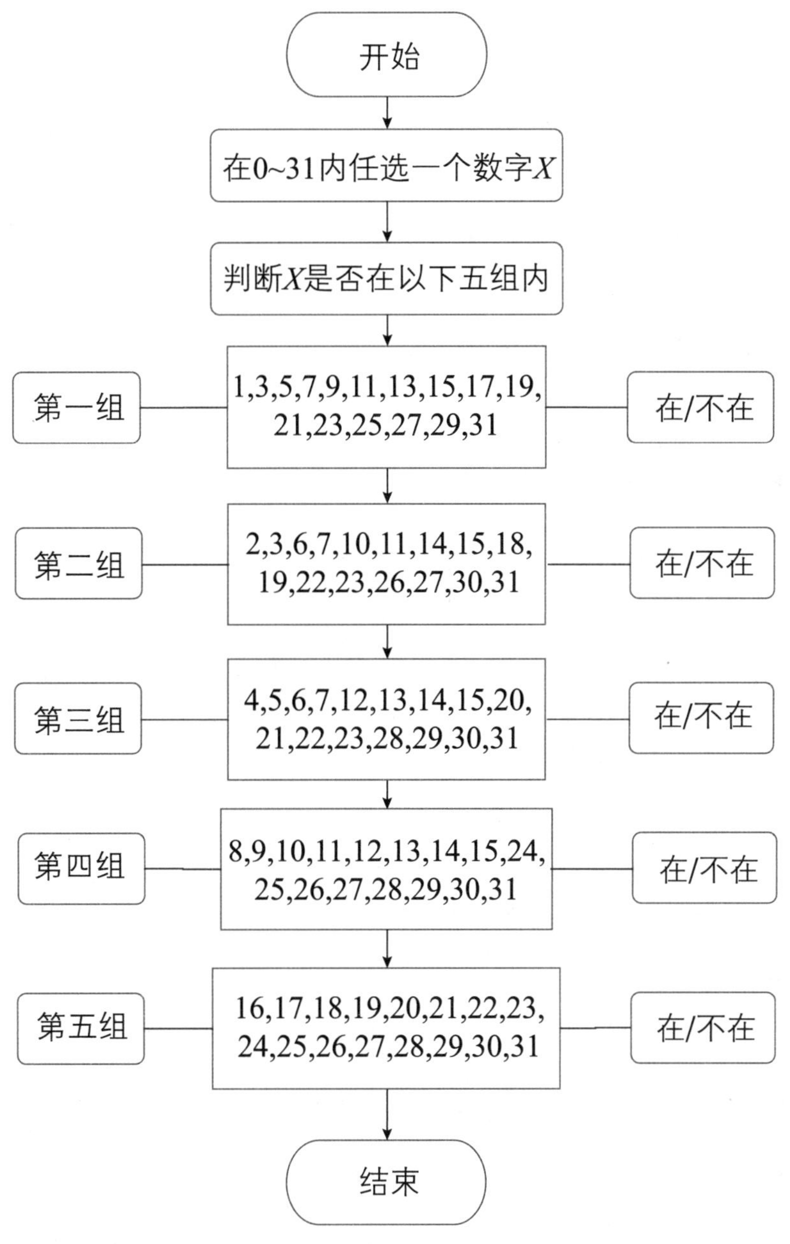

图 1-4 “数字心灵感应小游戏”流程图

1.3 编写程序及运行

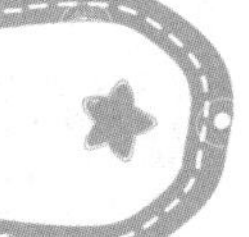

1.3.1 程序代码

```
import tkinter as tk  # 可视化模块
import tkinter.font as tkFont  # 引入字体模块
import random  # 随机数模块


####################
# 计算部分
###################
all_set=[]  # 存放二进制同位为 1 的数字（元素为同一类的数字列表）
judge=[]  # 存放用户所选数字各位为 1 还是为 0 的列表

# 对各位是否为 1 进行分类，某一位为 1 的放在一起
def classify(number, digit):
    array = []
    for item in number:
    # 将整数转换为字符形式二进制数，并将格式定为 6 位二进制数，检查对应位数是否为 1
        # 十进制数转二进制数
        bin = '{:b}'.format(item)
```

```
        # 转换为字符串形式，并自动在缺位前补零，暂定 6 位
        bin = str('{:0>6}'.format(bin))
        # 判定指定二进制数某一位是否为 1，是则加入 array 成为一类
        if bin.find('1', digit - 1, digit) != -1:
                array.append(int(bin, 2))
    return array

# 生成可选择数字列表
def generate_number():
    # 容纳全部可选择数字的列表
    numbers=[]
    i = 0
    # 生成 30 个 1~63 的不重复的随机数（二进制最多 6 位）
    while i < 30:
        element = random.randint(1, 63)
        if element not in numbers:# 防止重复
            numbers.append(element)
            i+=1
    # 将随机数从小到大排序
    numbers.sort()
    i = 1
    # 用来将以上数字显示在 GUI 上的字符串
    text=""
    for item in numbers:
        # 拼接各数字
```

```
        text+=str(item)+""
        if i%10==0:
            # 每十个数字换一行
            text+="\n"
        i+=1
    # 赋值给图形界面可更新变量 (choice_number,stringvar 类型 )
    choice_number.set(text)
    # 对以上数字分类
    allset = []
    # 生成 6 个对应集合
    for j in range(1, 7):
        # 对全部数字分类
        allset.append(classify(numbers, j))
    # 复制已分类的数字列表给全局变量 all_set
    all_set.extend(allset)

# 将用户输入进行拼接，并将字符形式的二进制数字转换为整数输出
def transfer():
    result = ""
    for item in judge:
        # 将结果数字二进制各位拼接为字符串
        result += item
    # 将二进制数字字符串转换为十进制数字
    result = int(result, 2)
    # 转换为最终显示在图形界面上的结果字符串
```

```
    result="你选择的数字为"+str(result)+",我猜对了吧"
    #赋值给图形界面可更新变量(result_number,stringvar类型)
    result_number.set(result)

#单击"在"按钮后的处理
def confirm():
    #单击"在"按钮代表该位为1,向列表中添加1
    judge.append("1")
    #全部位数确认完毕后的处理
    if len(judge)==6:
        #列表结果转换为二进制数值再转换为十进制数
        transfer()
        #重置
        judge.clear()
        #转结果页
        page4_transfer()
    else:
        #显示各分类数字(剩余)
        display_classified_number(len(judge))

#单击"不在"按钮后的处理
def deny():
    #单击"不在"按钮代表该位不是1,即0,向列表中添加0
    judge.append("0")
    #作用同confirm函数
```

```
    if len(judge)==6:
        transfer()
        judge.clear()
        page4_transfer()
    display_classified_number(len(judge))


# 用于显示已分类好的数字列表
def display_classified_number(index):
    classified_number=""
    for number in all_set[index]:
        # 将列表中数字拼接为字符串
        classified_number+=str(number)+""
    # 赋值给图形界面可更新变量（classified_numbers,stringvar 类型）
    classified_numbers.set(classified_number)


#############
#GUI 部分
#############
# 第一页转到第二页

def page2_transfer():
    # 隐藏 " 开始 " 按钮
    start_button.place_forget()
    # 调出选择提示页面
    choose_frame.place(x=190,y=170)
```

```
    # 调出待选择数字界面
    choice_frame.place(x=160,y=100)
    # 生成数字
    generate_number()

# 第二页转到第三页
def page3_transfer():
    # 隐藏选择提示界面
    choose_frame.place_forget()
    # 隐藏待选择数字界面
    choice_frame.place_forget()
    # 调出猜数提示界面
    guess_frame.place(x=170,y=125)
    # 调出各分类数字界面
    number_frame.place(x=135,y=80)
    # 显示各分类数字（第一个）
    display_classified_number(0)

# 第三页转到第四页
def page4_transfer():
    # 隐藏猜数提示界面
    guess_frame.place_forget()
    # 隐藏各分类数字界面
    number_frame.place_forget()
    # 调出猜数结果页面
```

```
    result_frame.place(x=170,y=125)

# 返回初始界面，重新开始新一轮猜数
def restart():
    # 隐藏猜数结果页面
    result_frame.place_forget()
    # 调出开始界面
    start_button.place(x=210,y=120)
    # 重置生成数组
    all_set.clear()

if __name__ == '__main__':
    # 创建主窗口对象
    root=tk.Tk()
    # 调整窗口大小，用字符串 'axb' 形式传递参数
    root.geometry('500x300')
    # 设置窗口标题
    root.title("心灵感应程序")

    choice_number=tk.StringVar()
    result_number=tk.StringVar()
    classified_numbers=tk.StringVar()

    # 开始界面
    # 指定字体名称、大小、样式
```

```
    ft1 = tkFont.Font(family='华文新魏', size=20,
weight=tkFont.NORMAL)
    ft2 = tkFont.Font(family='华文仿宋', size=13,
weight=tkFont.NORMAL)
    title_label=tk.Label(root,text="心灵感应游戏",font=ft1)
    title_label.pack()# 显示label，须含有此语句
    start_button=tk.Button(root,text="开始",width=8,height
=2,command=page2_transfer,font=ft2)
    start_button.place(x=210,y=120)
    quit_button=tk.Button(root,text="退出",command=root.de
stroy,width=6,height=2,font=ft2)
    quit_button.pack(side="bottom")

    # 选择数字界面
    choose_frame=tk.Frame(root)
    choose_hint=tk.Label(choose_frame,text="请在上方选择一个
数字\n我将猜出你选择的数字")
    choose_hint.pack(side="top")
    confirm_button=tk.Button(choose_frame,text="下一步",
command=page3_transfer)
    confirm_button.pack(side="bottom")
    choice_frame=tk.Frame(root)
    choice=tk.Label(choice_frame,textvariable=choice_
number)
    choice.pack()
```

```
    # 猜数过程界面
    guess_frame=tk.Frame(root)
    label=tk.Label(guess_frame,text="你所选择数字是否在以上数
组中? ")
    yes_button=tk.Button(guess_frame,text=" 在 ",
command=confirm)
    no_button=tk.Button(guess_frame,text=" 不在 ",
command=deny)
    label.pack()
    yes_button.pack(side="left")
    no_button.pack(side="right")

    # 显示数字页面
    number_frame=tk.Frame(root)
    number_label=tk.Label(number_frame,textvariable=
classified_numbers)
    number_label.pack()

    # 结果页面
    result_frame=tk.Frame(root)
    result_text=tk.Label(result_frame,textvariable=result_
number)
    result_text.pack()
    restart_button=tk.Button(result_frame,text="重新开始",
```

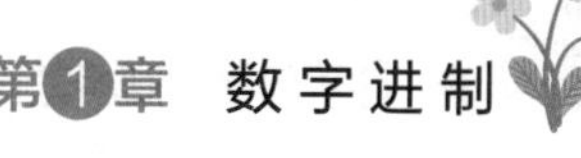

```
command=restart)
    restart_button.pack()

    # 开启窗口主循环
    root.mainloop()
```

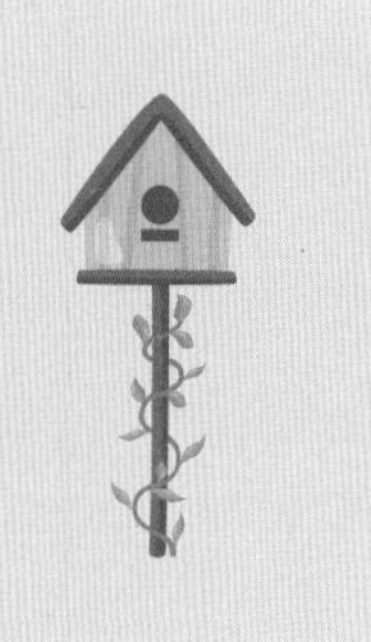

1.3.2 运行程序

程序运行后，首先会弹出如图 1-5 所示界面，为了增加游戏趣味性，界面中每次会随机生成 30 个 1~63 的不重复的随机数（二进制最多 6 位）。

然后，游戏参与人员“被感应者”可以在这 30 个随机数里面任选一个数，并记住后选择“下一步”。

接着，界面上出现若干个数字，游戏参与人员“被感应者”回答开始选择的那个数字是否在该界面中出现，出现选择“在”，否则选择“不在”，如图 1-6~ 图 1-11 所示选择 6 次。

最后“感应者”根据游戏参与人员“被感应者”的 6 次选择就能够轻松感应（计算）出他心里想的那个数字。

例如，6 次选择分别是“在 - 不在 - 不在 - 在 - 不在 - 不在”，对应的二进制数即为 100100，十进制数为 36，如图 1-12 所示。

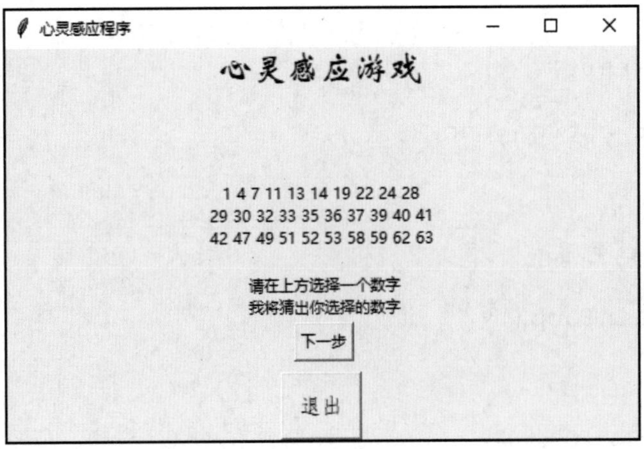

心灵感应程序

心灵感应游戏

1 4 7 11 13 14 19 22 24 28
29 30 32 33 35 36 37 39 40 41
42 47 49 51 52 53 58 59 62 63

请在上方选择一个数字
我将猜出你选择的数字

下一步

退出

图 1-5　程序运行截图 1

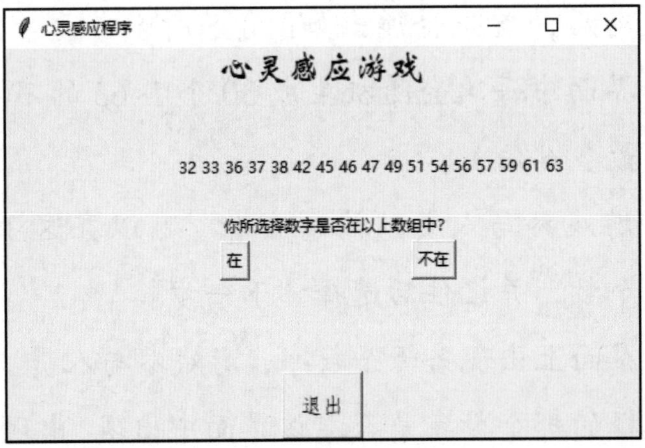

心灵感应程序

心灵感应游戏

32 33 36 37 38 42 45 46 47 49 51 54 56 57 59 61 63

你所选择数字是否在以上数组中?

在　　不在

退出

图 1-6　程序运行截图 2

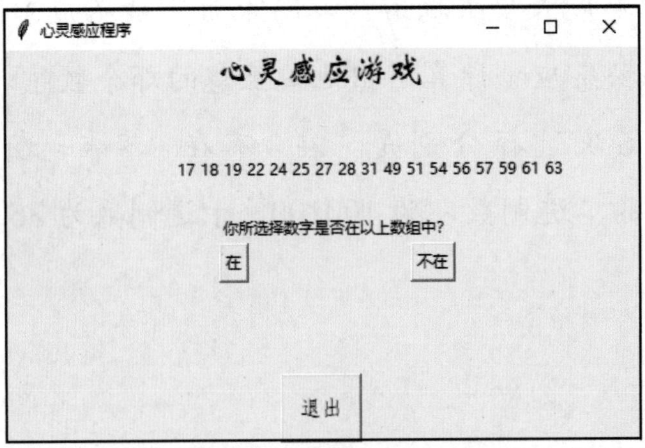

心灵感应程序

心灵感应游戏

17 18 19 22 24 25 27 28 31 49 51 54 56 57 59 61 63

你所选择数字是否在以上数组中?

在　　不在

退出

图 1-7　程序运行截图 3

心灵感应程序

心灵感应游戏

8 11 14 15 24 25 27 28 31 42 45 46 47 56 57 59 61 63

你所选择数字是否在以上数组中?

在　不在

退出

图 1-8　程序运行截图 4

心灵感应程序

心灵感应游戏

14 15 22 28 31 36 37 38 45 46 47 54 61 63

你所选择数字是否在以上数组中?

在　不在

退出

图 1-9　程序运行截图 5

心灵感应程序

心灵感应游戏

11 14 15 18 19 22 27 31 38 42 46 47 51 54 59 63

你所选择数字是否在以上数组中?

在　不在

退出

图 1-10　程序运行截图 6

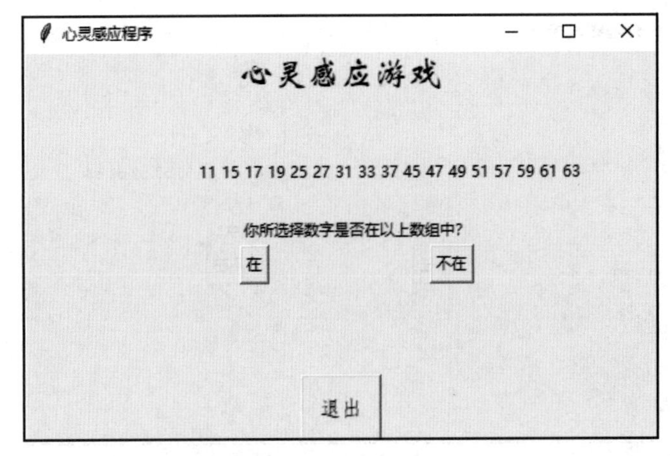

图 1-11　程序运行截图 7

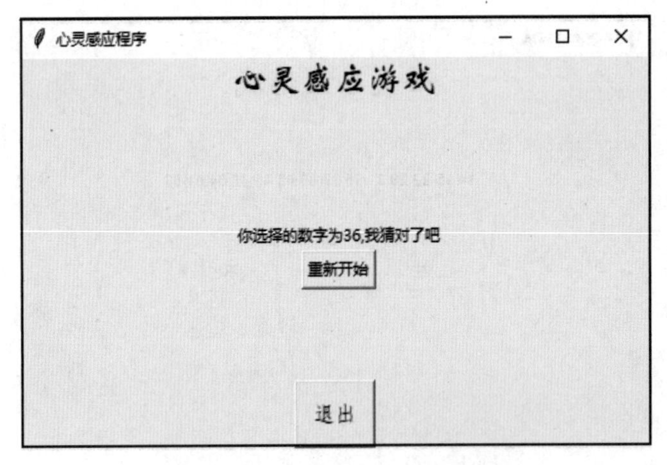

图 1-12　程序运行截图 8

问题 1:

一个黑盒子中有一个多项式，次数未知，只知道该多项式所有的系数都是非负整数。每次输入 x，黑盒子会输出 $f(x)$。请问有什么办法可以快速确定这个多项式?

参考答案：

第一次，输入 1，得到整个多项式的所有系数之和 S。

第二次，输入 S+1，输出 M。把 M 转换到（S+1）进制，每一个数位上的数就对应了原多项式的系数。

解释：一个 k 进制的数就是一个多项式把 k 代进去的结果，这个答案就是反其道而行之，通过 k 进制的各位数字来还原多项式。

问题 2：

如果用二进制，大家思考下两只手最多能表示多少个数？为什么呢？

参考答案：

1024 个数。

每根手指代表一个数，即：1-1、2-2、3-4、4-8、5-16、6-32、7-64、8-128、9-256、10-512，所有数加在一起就是 1023。所以两只手最多能代表的数是 0~1023，也就是 1024 个数。

小　结

本章主要讲到了二进制的一个应用，进制是进位记数制，是人为定义的带进位的记数方法。对于任何一种 X 进制，就表示每一位上的数运算时都是逢 X 进 1 位。

例如，“数字心灵感应”这个小游戏用到的二进制就是逢 2 进 1，十进制是逢 10 进 1，还有十六进制（它由 16 个数码：

数字 0~9 加上字母 A~F，A~F 分别表示十进制数 10~15）是逢 16 进 1，八进制就是逢 8 进 1，以此类推，X 进制就是逢 X 进 1。

对于任何一个数，我们可以用不同的进位制来表示。

例如，十进数 27(10)，可以用二进制表示为 11011(2)，也可以用四进制表示为 123(4)，也可以用八进制表示为 33(8)、用十六进制表示为 1B(16)，它们所代表的数值都是一样的。

第2章 几何图形

几何图形，即从实物中抽象出的各种图形，可以帮助人们有效地刻画错综复杂的世界。生活中到处都有几何图形，我们所看见的一切都是由点、线、面等基本几何图形组成的。几何源于西方的测地术，解决点、线、面、体之间的关系，无穷无尽的丰富变化使几何图案本身拥有无穷魅力。本章，我们将尝试利用 Python 编程来绘制几何图形。

2.1 问题情境

几何图形中有一类特殊的图形——正多边形。它们各边相等，各角也相等，具有良好的对称性。我们的身边经常可以看到正多边形的物体，如蜂巢、螺母、中式凉亭等，如图 2-1 所示。

图 2-1　生活中的正多边形

如何绘制出一个标准的正多边形呢？利用数学知识，我们可以使用尺规作图，巧妙绘出圆内接正多边形，如图 2-2 所示。

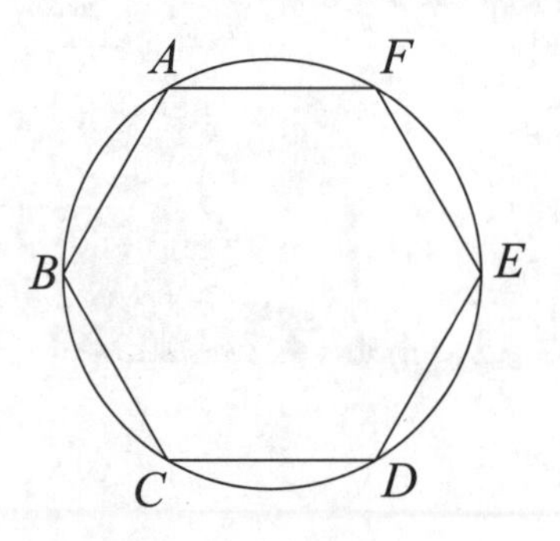

图 2-2　圆内接正六边形

在计算机中，我们不再需要尺规作图，通过编写程序就可以轻松绘制出标准的正多边形。下面将介绍 Python 中绘制图形的具体方法。

2.2 案例：绘制正 N 边形至圆

Python 中提供了多种用于绘图的标准库，只需要调用相应的函数就能绘制出丰富的图案。下面就使用 turtle 库来绘制正多边形，并观察随着边数 N 逐渐增大，图形会有什么变化。

2.2.1 编程前准备

turtle 库是 Python 的标准库之一，是入门级的图形绘制函数库。turtle 库使用方便，是随解释器直接安装到操作系统中的功能模块，因此不需要再额外安装程序，只需要在程序最开始导入就可以使用。

turtle 库又称为海龟库，其绘图原理非常简单。假设有一只小海龟在窗体正中心，使用函数指令可以控制海龟在绘图区域上游走，走过的轨迹就形成了绘制的图形。我们展开用于绘图的区域也称为画布（Canvas），可以游走的小海龟也称为画笔（Pen），它们是 turtle 库中非常重要的两个工具元素。

对于画布，我们可以设置它的大小和初始位置，调用 screensize 函数即可实现。

turtle.screensize(canvwidth=None, canvheight=None, bg=None)，函数的 3 个参数分别为画布的宽（单位：px）、高、

背景颜色。

例如：turtle.screensize(800, 600, "green")，运行这句代码就得到了一个宽 800px、高 600px，背景颜色为绿色的画布。

对于小海龟（画笔），如何控制它在画布上动起来呢？那就需要一种可以精确描述海龟位置状态的方法，就像利用经纬度球面坐标系可以标示地球上的任何一个位置。turtle 规定了相应的空间和角度坐标体系，与数学中的二维坐标体系相同，如图 2-3 和图 2-4 所示。

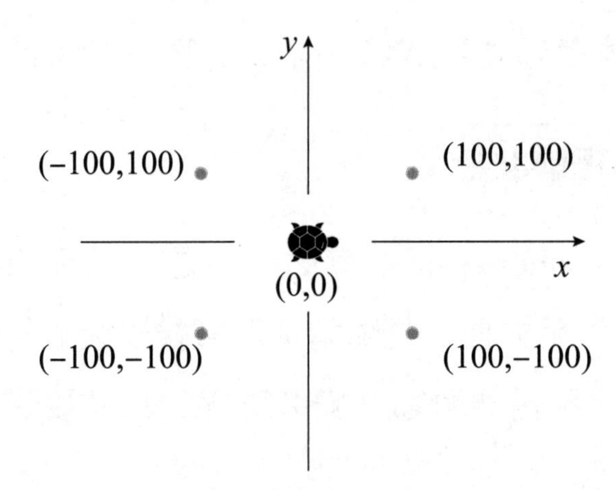

图 2-3　turtle 空间坐标体系

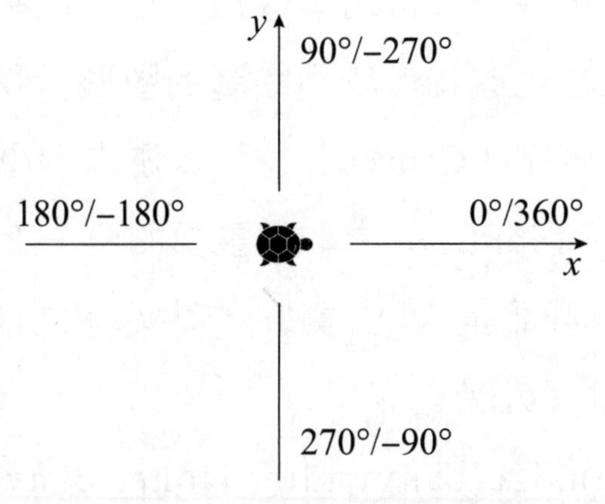

图 2-4　turtle 角度坐标体系

在画布上，默认有一个坐标原点为画布中心的坐标轴，坐标原点上有一只面朝 x 轴正方向的小海龟。这里描述小海龟时使用了两个词语：坐标原点（位置），面朝 x 轴正方向（方向）。turtle 绘图中，就是使用位置和方向描述小海龟（画笔）的状态。

有了坐标体系，运动控制的描述就方便多了。turtle 库提供了多种运动控制命令，可以控制海龟在画布上任意移动，同时，还可以修改画笔属性，自由改变绘制线条颜色、粗细等，让画面更加丰富有趣。下面将介绍部分基础控制命令的使用方法。

1. 获取海龟状态

（1）turtle.pos()，可以获取海龟当前的坐标 (x,y)。

（2）turtle.heading()，返回海龟当前的朝向。

（3）turtle.distance(x,y)，返回从海龟当前位置到 (x,y) 位置的单位距离。

（4）turtle.towards(x,y)，返回从海龟当前位置到 (x,y) 位置的连线的夹角。

例如，初始状态时，运行语句 turtle.pos(), 则返回海龟当前的位置为 (0.00,0.00)，即坐标原点。

2. 位置控制

（1）turtle.goto(x,y)，可以指定海龟移动到绝对坐标 (x,y) 的位置，如果画笔已落下，将会画线。

（2）turtle.forward(distance)/turtle.fd(distance)，海龟前进 distance 指定的距离，方向为海龟的朝向。

（3）turtle.backward(distance)/turtle.bk(distance)，海龟后退 distance 指定的距离，方向与海龟的朝向相反。

（4）turtle.speed(speed)，设置海龟移动的速度，速度范围为 [0,10]，数字越大速度越快（若 speed=0，则没有动画效果）。

例如：turtle.forward(50)，运行这句代码，海龟将向前（初始面向 x 轴正方向）移动 50px 长，画布上则留下相应的轨迹图案，如图 2-5 所示。

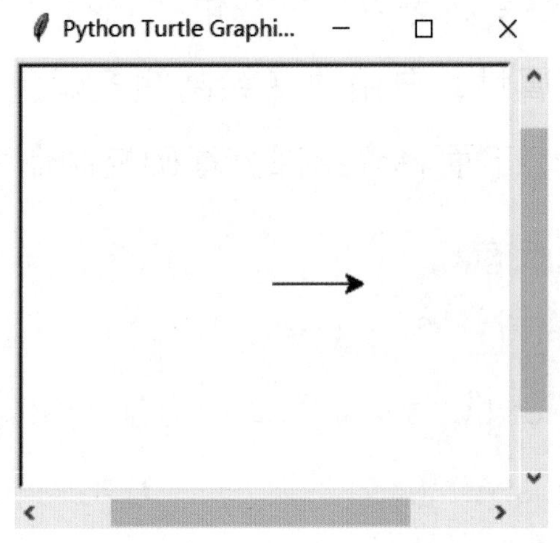

图 2-5　turtle.forward(50) 运行结果

3. 方向控制

（1）turtle.setheading(angle)，设置海龟朝向为 angle。

（2）turtle.right(angle)/turtle.rt(angle)，海龟右转 angle 度。

（3）turtle.left(angle)/turtle.lt(angle)，海龟左转 angle 度。

例如，先运行 turtle.right(90)，再运行 turtle.forward(50)，海龟将先右转 90° 再向前移动 50px 长，画布上留下的轨迹图案如图 2-6 所示。

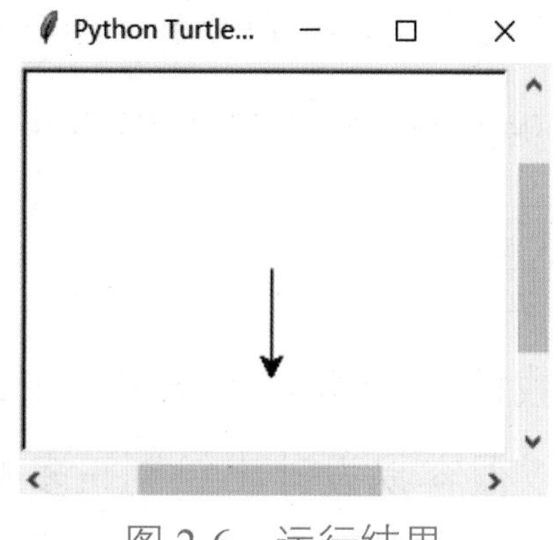

图 2-6 运行结果

4. 画笔属性

（1）turtle.pensize（width）：设置线条的粗细。

（2）turtle.color( )：传入参数设置画笔颜色，可以是描述颜色的字符串，如“green”，"red"，"blue"，也可以是 RGB 三元组。如果有两个颜色参数，则分别表示画笔颜色和填充颜色。

（3）turtle.pendown()：画笔落下，此时移动将画线。

（4）turtle.penup()：画笔抬起，此时移动不画线。

例如，在画笔移动前添加语句 turtle.pensize(10) 和 turtle.color("red")，海龟在画布上留下的轨迹线条如图 2-7 所示。

图 2-7 运行结果

说明：更多方法可参考Python turtle标准库说明文档https://docs.python.org/zh-cn/3/library/turtle.html。

2.2.2 算法设计

在数学课中，我们已经学习了正多边形的一些边角性质，利用这些知识，可以很容易设计出绘制正多边形的算法。

以正三边形为例，如图2-8所示，海龟从A点出发，前进一个边长的距离后到达B点，然后右转一个外角的角度（120°），再次前进、右转，重复3次，海龟的移动轨迹就形成了一个标准的正三边形。

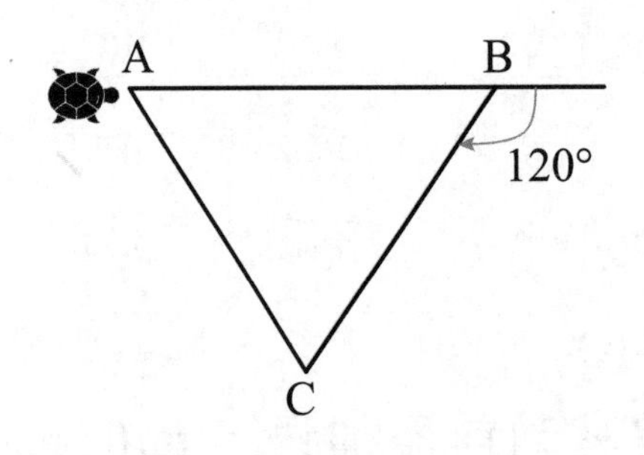

图2-8　绘制正三边形

以此类推，正n边形有n条边，外角和为360°，每一个外角为（$360/n$）°。因此，绘制正n边形的主体算法可以设计为：

步骤1　前进一个边长的距离。

步骤2　右转（$360/n$）°。

步骤3　重复步骤1和步骤2，一共重复n次。

这个算法用流程图可以更加直观地表示为图2-9。

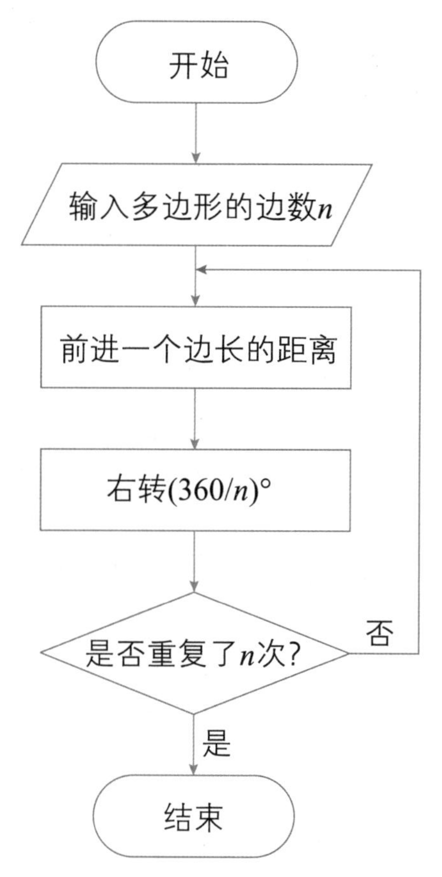

图 2-9　绘制正 n 边形算法流程图

2.3　编写程序及运行

按照算法设计，利用 turtle 库中相应的控制函数，就可以方便地编写出绘制正 n 边形的代码，这里 n 可以设置为由用户输入指定。当然，在实际输入时，可能因为各种原因，用户指定的边数不合理，所以加入一个对边数的判断可以让程序更加完善。对程序稍加修改，还可以将多个正多边形画在一张图中，观察正 n 边形边数逐渐增多，逐渐逼近圆形的过程。

2.3.1 程序代码

1. 绘制正 n 边形参考代码

```
# 导入 turtle 绘图标准库
import turtle

# 设置窗口大小
turtle.screensize(800,1000)
# 画笔设置
turtle.pensize(2) # 画笔宽度
turtle.color("blue")  # 画笔颜色
turtle.speed(10)  # 画笔移动速度

# 请用户设置多边形的边数
n=int(turtle.numinput(" 请输入正多边形的边数 "," 边数 "))

# 绘制正多边形
if n<=2:
    print(" 抱歉，请输入正确的边数 ")
else:
    for i in range(n):  # 绘制正 n 边形，循环 n 次
        turtle.forward(100)  # 边长
        turtle.right(360/n)  # 外角
```

2. 绘制从正三边形到正 *n* 边形参考代码

```
# 导入 turtle 绘图标准库
import turtle

# 设置窗口大小
turtle.screensize(800,1000)

# 画笔设置
turtle.pensize(1) # 画笔宽度
turtle.pencolor("blue")  # 画笔颜色
turtle.speed(20)  # 画笔移动速度

# 绘制正多边形
#n 的取值从 3 到 50，即从正三边形到正五十边形
for n in range(3,51):
    for i in range(n):  # 绘制正 n 边形
        turtle.forward(30)
        turtle.right(360/n)
```

2.3.2 运行程序

（1）绘制正 *n* 边形代码运行结果见图 2-10 和图 2-11。

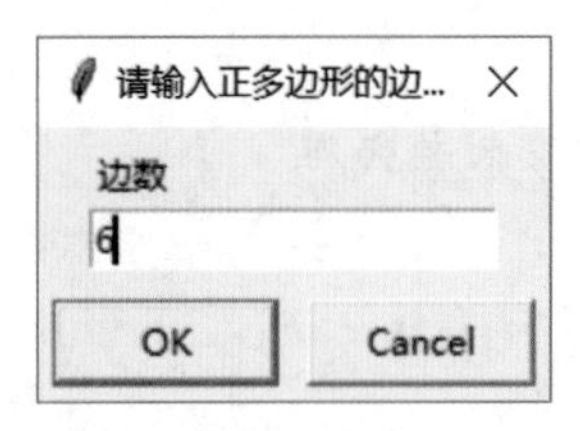

图 2-10　用户输入参数：正多边形边数

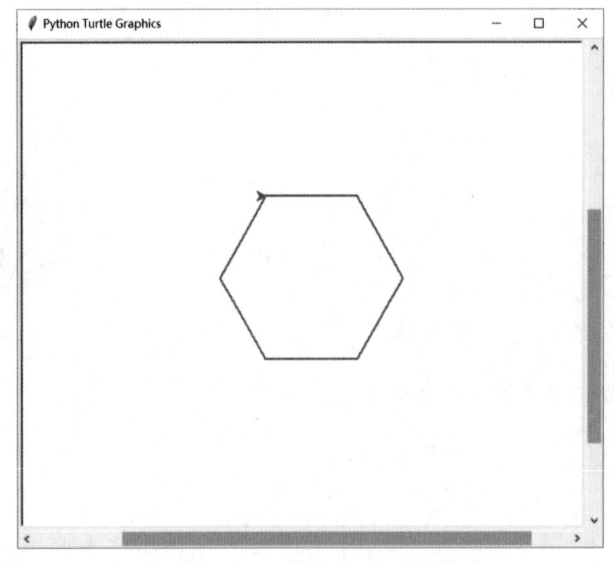

图 2-11　绘制正六边形

（2）绘制从正三边形到正 n 边形代码运行结果见图 2-12。

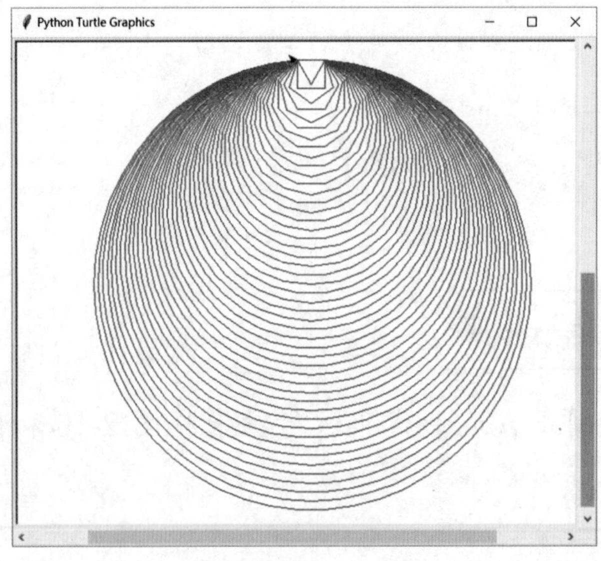

图 2-12　从正三边形到正五十边形代码运行结果

拓展训练

利用简单的线条可以绘制很多丰富有趣的图案，设计算法时都是类似的，需要先分析清楚图案的边角数量，以及内角外角之间的边角关系。

【自主设计】利用 turtle 库，绘制更丰富有趣的图案。

【示例 1】绘制五角星，如图 2-13 所示。

图 2-13　五角星效果图

参考代码：

```
import turtle

# 设置窗口大小
turtle.screensize(800,1000)

# 画笔设置
turtle.pensize(3) # 画笔宽度
turtle.color("red","yellow")  # 设置画笔颜色、填充颜色
```

```
turtle.speed(20)  #画笔移动速度

#绘制五角星
turtle.begin_fill()  #开始填充颜色
for i in range(5):
    turtle.forward(200)
    turtle.right(144)
turtle.end_fill()  #结束填充
```

【示例 2】绘制一个金光闪闪的太阳，如图 2-14 所示。

图 2-14　太阳效果图

参考代码：

```
#导入turtle库
import turtle as t

#为小数时表示占据计算机屏幕的比例
t.setup(width = 0.6, height = 0.6)
```

```
# 设置画笔颜色为红色，填充颜色为黄色
t.color("red", "yellow")

t.begin_fill()

# 控制画笔移动的速度
t.speed(5)

while True:
    t.forward(200)
    t.left(170)
    # 判断海龟是否回到原点
    if abs(t.pos()) < 1:
        break
t.end_fill()
```

【示例 3】绘制一个小房子，如图 2-15 所示。

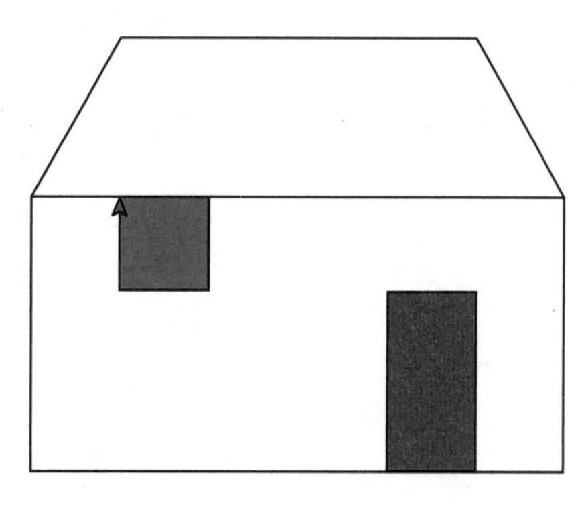

图 2-15　小房子效果图

参考代码:

```
import turtle as t
t.penup()
t.goto(-130,-100)
t.pendown()
# 房子的主体
t.forward(300)
t.left(90)
t.forward(150)
t.left(90)
t.forward(300)
t.left(90)
t.forward(150)
# 门
t.fillcolor('blue')
t.begin_fill()
t.left(90)
t.forward(200)
t.left(90)
t.forward(100)
t.right(90)
t.forward(50)
t.right(90)
t.forward(100)
t.end_fill()
```

```
# 屋顶
t.penup()
t.goto(170,50)
t.pendown()
t.right(180)
t.left(30)
t.forward(100)
t.left(60)
t.forward(200)
t.left(60)
t.forward(100)

# 窗户
t.fillcolor('red')
t.begin_fill()
t.left(120)
t.forward(100)
for i in range(0,3):
  t.right(90)
  t.forward(50)
t.end_fill()
```

小　结

本章介绍了利用 Python 标准库 turtle 进行绘图的基本方法，主要理解和掌握画笔状态获取、运动控制、属性设置的函数功能和使用方法。在利用 turtle 库绘制多边形等几何图形的过程中，尝试总结多边形间的边角数量和关系，理解问题背后的数学思维逻辑，进而设计算法编程实现。观察正多边形到圆的演变过程，初步理解数学中极限的思想。最后，希望同学们可以做到举一反三、知识迁移，掌握规则图形绘制思路，能根据不同情境绘制不同图形。

第3章 圆周率

在日常生活中，我们经常会接触到不少规则的形状，如正方形、长方形、梯形、圆形等，那么你知道哪种形状与宇宙的真相最为接近吗？那很可能就是圆形了。众所周知，不仅我们所居住的地球是一个椭圆形的球体，地外世界中的星体都是呈现椭圆或者正圆形，圆可能是自然界中最常见又神秘的图形了。圆形物体总会包含着一个神秘数字，人们很早就注意到，圆的周长与直径之比是一个常数，这个常数就是圆周率，现在通常记为 π。它是最重要的数学常数之一，学者们常常认为 π 是数学中最神秘和最重要的数，它很有可能蕴藏着宇宙的秘密。不过，自古以来，不少科学家想揭开这个谜团，最终却发现 π 的数值是无穷无尽的，无论用何种方法，都无法得出最终的数值，但计算机出现后，π 的数值越来越接近真相，近几年，圆周率已经可以算到小数点后上万亿位了。

本章来探究圆周率是如何计算出来的。

3.1 问题情境

关于 π，最早的文字记载来自公元前 2000 年前后的古巴比伦人，它们认为 π=3.125，而古埃及人使用 π=3.1605。中国古籍里记载有“圆径一而周三”，即 π=3。这些早期的 π 值大体都是通过测量圆周长，再测量圆的直径，通过相除得到的估计值。由于在当时，圆周长无法准确测量出来，想要通过估算法得到精确的 π 值当然也不可能。

到了公元前 3 世纪，古希腊数学家阿基米德首先给出了计算圆周率 π 的科学方法：圆内接（或外切）正多边形的周长是可以精确计算的，而随着正多边形边数的增加，会越来越接近圆，那么多边形的周长也会越来越接近圆周长。阿基米德用圆的内接和外切正多边形的周长给出圆周率的下界和上界，正多边形的边数越多，计算出 π 值的精度越高。他本人计算到正 96 边形，得出 223/71<π<22/7，即 π 值在 3.140 845 与 3.142 857 之间。

无独有偶，中国三国时期的数学家刘徽，在对《九章算术》作注时，在 264 年给出了类似的算法，并称其为割圆术，如图 3-1 所示。所不同的是，刘徽是通过用圆内接正多边形的面积逐步逼近圆面积来计算圆周率的。约 480 年，南北朝时期的大科学家祖冲之就用割圆术算出了 3.141 592 6<π<3.141 592 7，这个 π 值已经准确到 7 位小数，创造了圆周率计算的世界纪录。

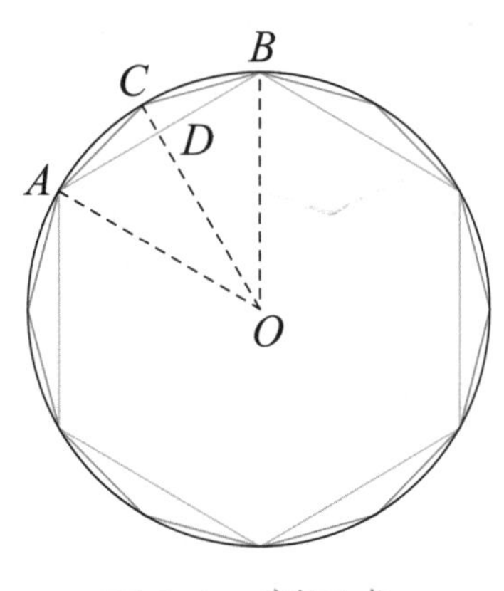

图 3-1 割圆术

关于圆周率，还有一种非常有趣的方法，称为随机投针法，因为是由法国数学家蒲丰提出的，又称为蒲丰投针实验。

1777 年的一天，法国数学家蒲丰请许多朋友到家里做了一次实验。蒲丰在桌子上铺好一张大白纸，白纸上画满了等距离的平行线，如图 3-2 所示，他又拿出很多等长的小针，小针的长度都是平行线距离的一半。蒲丰说："请大家把这些小针往这张白纸上随便扔吧！不过，请大家务必把扔下的针是否与纸上的平行线相交告诉我。"客人们按他说的做了。

图 3-2 蒲丰投针实验

蒲丰本人则不停地在一旁数着、记着，如此这般地忙碌了将近一个小时。最后，蒲丰高声宣布："大家共掷2212次，其中，小针与纸上平行线相交704次，$2212 \div 704 \approx 3.142$，这个数就是 π 的近似值！"

这个结论实在是出乎人们的意料，然而它却是千真万确的事实。蒲丰后来证明了针与直线相交的概率$P=\dfrac{2l}{\pi a}$（l 为针的长度，a 为平行线之间的距离，当小针的长度都是平行线距离的一半时，$P=\dfrac{1}{\pi}$）。

所以投针实验可以模拟计算圆周率的近似值，而且投掷的次数越多，求出的圆周率近似值就有可能越精确。这就是著名的"蒲丰实验"，历史上许多科学家都进行了该实验，部分实验数据如表3-1所示

表3-1　历史上部分蒲丰实验数据

实验者	时间	投掷次数	相交次数	圆周率估计值
Wolf	1850年	5000	2532	3.1596
Smith	1855年	3204	1218.5	3.1554
C.De Morgan	1860年	600	382.5	3.137
Fox	1884年	1030	489	3.1595
Lazzerini	1901年	3408	1808	3.141 592 9
Reina	1925年	2520	859	3.1795

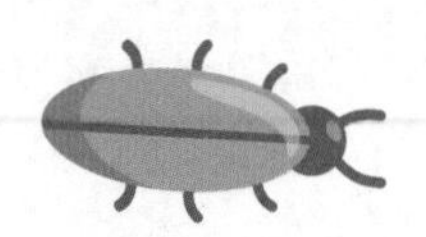

3.2 案例：模拟投针实验

利用实物做投针实验，需要耗费大量的时间和精力。在计算机快速发展的今天，我们可以轻松利用计算机程序来模拟经典的投针实验。

3.2.1 编程前准备

假设投针实验中平行线间的距离为 D，针的长度为 L（$L \leqslant D$），如图 3-3 所示。

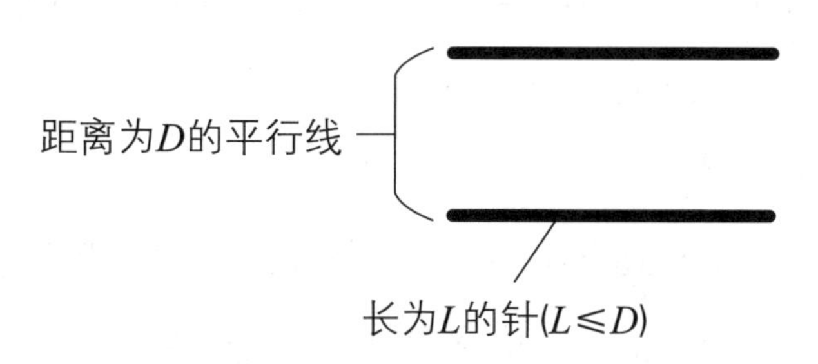

图 3-3 投针实验平行线和针

要用计算机模拟投针过程，主要需要解决以下 3 个问题。

问题 1：如何模拟随机的投针过程呢？

我们需要先想办法定义针的位置和角度，取针的中点向最近的平行线做垂线，定义该垂线长度为 X，该垂线与针的夹角为 θ。因为针位于两段平行线之间，所以 $X \in \left[0, \dfrac{D}{2}\right]$。同时，因为总能找到一个小于 90° 的角，所以 $\theta \in [0,90]$，如图 3-4

所示。

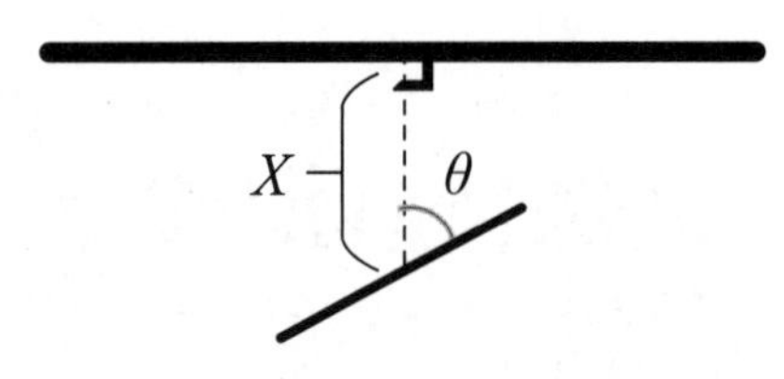

图 3-4 定义针的位置和角度

所以，当我们随机投一根针时，针的位置和角度是随机的，其实就可以转换为在计算机中随机生成 X 和 θ 两个数值。在 Python 编程语言中，可以使用 random 标准库中的函数来产生随机数。

random 库常用函数如下。

random.random()：生成一个 [0.0,1.0) 中的随机小数。

random.randint(a,b)：生成一个 $[a,b]$ 中的随机整数。

random.randrange(m,n[,k])：生成一个 $[m,n)$ 中以 k（默认为 1）为步长的随机整数。

random.uniform(a,b)：生成一个 $[a,b]$ 中的随机小数。

random.choice(seq)：从序列中随机选择一个元素。

问题 2：如何判断针是否触碰到平行线呢？

垂线与平行线和针之间可以组成一个直角三角形，该三角形的斜边长度为 $X/\cos\theta$，如图 3-5 所示。

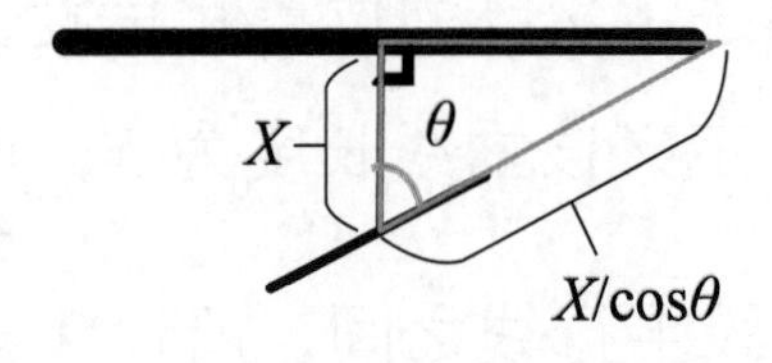

图 3-5 针与平行线组成直角三角形

因此，只要 $X/\cos\theta < L/2$，即 $X < (L/2)\times\cos\theta$，则说明针碰到了平行线，否则就说明没碰到。图 3-6 展示了针碰到平行线和没碰到平行线两种情况。

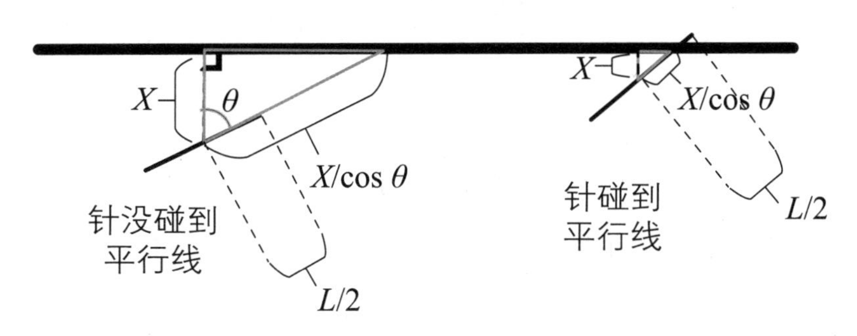

图 3-6　针碰到和没碰到平行线的两种情况

在 Python 编程语言中，math 标准库中已经包含很多常用的数学函数，例如：

math.pow(x,y)：计算 x 的 y 次幂。

math.sqrt(x)：计算 x 的平方根。

math.log（x,base）：计算 x 的对数值，仅输入 x 值时，表示 $\ln(x)$ 函数。

math.sin(x)：计算 x 的正弦函数值。

math.cos(x)：计算 x 的余弦函数值。

math.tan(x)：计算 x 的正切函数值。

math.degrees(x)：弧度值转角度值。

math.radians(x)：角度值转弧度值。

本实验主要会用到三角函数。例如：math.cos(x) 可以计算 x 的余弦值，返回值是 −1~1 的数。这里有一点需要说明，输入参数 x 指的是弧度值而非角度值，如果要使用角度值，可以先用 math.radians(theta) 函数将角度值 theta 转换成相应的弧度值。

问题 3：如何根据针碰到平行线的概率计算 π 的值?

根据蒲丰的推导，可以得出如下关系：

$$P\{\text{针碰到平行线}\}=\frac{2L}{\pi D}$$

所以，有

$$\pi=\frac{2L}{P\{\text{针碰到平行线}\}\times D}$$

其中，$P\{$针碰到平行线$\}$ 表示针碰到平行线的概率。我们可以用频率估计事件发生的可能性大小，所以针碰到平行线的概率，可以用实验中针碰到平行线的次数除以总投针次数来估计。随着实验次数增加，频率将逐渐接近事件发生的真实概率，那么计算得到的圆周率数值也就越精确。

3.2.2 算法设计

根据前边的讨论，我们将投针模拟实验的算法总结如下。

步骤 1　设定平行线的距离 D 和针的长度 L。

步骤 2　随机产生针的位置 X 和角度 θ（模拟投针过程）。

步骤 3　判断针与平行线是否相交。

步骤 4　重复步骤 2、3，直到达到设定的实验次数。

步骤 5　统计针与线相交的频率。

步骤 6　根据公式计算 π 的值。

这个算法用流程图可以更加直观地表示为图 3-7。

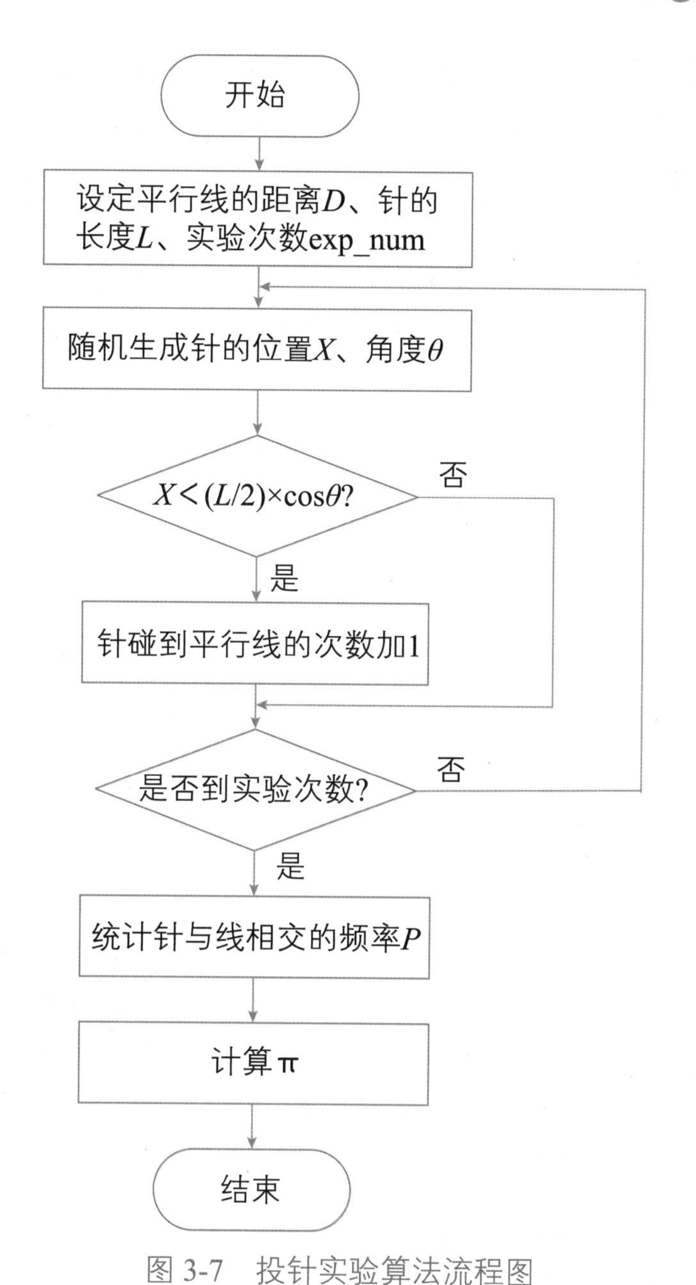

图 3-7　投针实验算法流程图

3.3　编写程序及运行

按照算法设计编写Python程序，这里需要用到两个标准库，用于产生随机数的 random 库和用于数学计算的 math 库，这两个库都是 Python 中的标准库，使用时在程序的最开始导入库后就可以使用库内的函数了。同时，为了简化计算，我们将平行线间的距离设为 2，针的长度设为 1。实验次数可以根据需要修改，建议第一次运行程序实验次数不要设置过大，避免程序运行时间过长。

3.3.1 程序代码

```
# 导入 random 库和 math 库
import random
import math
# 平行线距离
D = 2
# 针的长度
L = 1
# 实验次数
exp_num = 10000000
# 触碰次数
touch_num = 0
# 模拟投针
for i in range(0, exp_num):
    X = random.uniform(0,D/2)   # 产生随机数 X
    theta = random.uniform(0,90)   # 产生随机数 theta
    if X<(L/2)*math.cos(math.radians(theta)):   # 如果公式
```

```
#X<(L/2)*cosθ 成立
        touch_num += 1  # 针碰到平行线的次数加1
# 统计针与线相交的概率
P = touch_num/exp_num
# 按照公式计算 π 的近似值
print('本次实验模拟投针{}次'.format(exp_num))
print('π = {}'.format((2*L)/(P*D)))
```

3.3.2 运行程序

将实验次数分别设置为5000、10 000、1 000 000、10 000 000次，运行程序，得到结果如图3-8所示。观察数据可以发现，随着实验次数的增加，计算得到的π值越有可能更精确。当然，随着实验次数的增加，程序的计算量也在增加，程序的运行时间也会明显变长了。

```
本次实验模拟投针5000次
π = 3.1746031746031744
本次实验模拟投针10000次
π = 3.1104199066874028
本次实验模拟投针1000000次
π = 3.146900460391537
本次实验模拟投针10000000次
π = 3.1414474407570134
```

图3-8　程序部分运行结果

拓展训练

【思考】针的长度会影响其与平行线相交的概率吗？会影响对 π 值的估计吗？

【实践】投针过程可视化展示。

如果能将模拟投针的过程可视化展示出来，实验过程将更加直观、逼真，实验结果也更加具有可信度。Python 中还有很多第三方库可以帮助实现数据可视化，如 matplotlib 库等。如图 3-9 所示为投针过程可视化展示的一种示例，直观显示了投出的针和平行线的位置关系，当针与平行线相交，则该针显示为红色，否则显示为绿色。左下角为统计数据，可以看到，程序的某次运行结果为：共投针 10 000 次，3217 枚针与平行线相交，计算得到 π 的估计值为 3.108 486 167 236 556。

模拟投针试验

投针次数：10000，针长：1，平行线距离：2

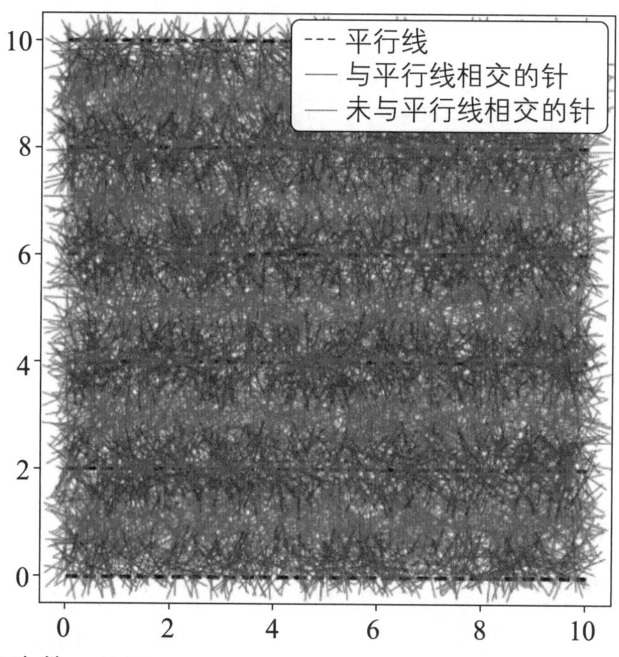

相交次数：3216
总投针次数：10000
Pi的近似值：3.109452736318408
误差：1.0230453408611002%

图 3-9　投针实验可视化展示

参考代码：

```
（代码来源：https://github.com/samuelyhunter/Buffon.git）
#Simulation of Buffon's Needle Problem as a Monte Carlo
Method for Approximating Pi
#author      :Samuel Hunter
#date        :20181105
#https://en.wikipedia.org/wiki/Buffon%27s_needle
#https://www.sciencefriday.com/articles/estimate-pi-by-
dropping-sticks/
```

```
# 导入相关库
import math
import numpy as np
from numpy import random
import matplotlib.pyplot as plt
import matplotlib.lines as mlines

# 设置参数
UPDATE_FREQ = 500
BOUND = 10
BORDER = 0.05 * BOUND
# 投针数
NEEDLES = 10000
# 针的长度
NEEDLE_LENGTH = 1
# 平行线之间的距离
FLOORBOARD_WIDTH = 2
# 界面颜色设置
FLOORBOARD_COLOR = 'black'
NEEDLE_INTERSECTING_COLOR = 'red'
NEEDLE_NON_INTERSECTING_COLOR = 'green'

# 随机生成针的位置和角度
class Needle :
    def __init__(self, x=None, y=None, theta=None,
```

```
length=NEEDLE_LENGTH) :
        if x is None :
            x = random.uniform(0, BOUND)
        if y is None :
            y = random.uniform(0, BOUND)
        if theta is None :
            theta = random.uniform(0, math.pi)
        self.center = np.array([x, y])
        self.comp = np.array([length/2 * math.cos(theta),
length/2 * math.sin(theta)])
        self.endPoints = np.array([np.add(self.center, -1 *
np.array(self.comp)), np.add(self.center, self.comp)])

    #是否与平行线相交
    def intersectsY(self, y):
            return self.endPoints[0][1] < y and self.
endPoints[1][1] > y

#投针模拟
class Buffon_Sim :
    def __init__(self) :
        self.floorboards = []
        self.boards = int ((BOUND / FLOORBOARD_WIDTH) + 1)
        self.needles = []
        self.intersections = 0
```

```
        #窗体设置
        window = "Buffon"
        title = "Simulation of Buffon's Needle Problem\nas a Monte Carlo method for approximating Pi"
        desc = (str(NEEDLES) + " needles of length " + str(NEEDLE_LENGTH) + " uniformly distributed over a " + str(BOUND) + " by " + str(BOUND) + " area" + " with floorboards of width " + str(FLOORBOARD_WIDTH))
        fig = plt.figure(figsize=(8, 8))
        fig.canvas.set_window_title(window)
        fig.suptitle(title, size=16, ha='center')
        self.buffon = plt.subplot()
        self.buffon.set_title(desc, style='italic', size=9, pad=5)
        self.results_text = fig.text(0, 0, self.updateResults(), size=10)
        self.buffon.set_xlim(0 - BORDER, BOUND + BORDER)
        self.buffon.set_ylim(0 - BORDER, BOUND + BORDER)
        plt.gca().set_aspect('equal')

    #绘制平行线
    def plotFloorboards(self) :
        for j in range(self.boards) :
            self.floorboards.append(0 + j * FLOORBOARD_WIDTH)
```

```
                self.buffon.hlines(y=self.floorboards[j],
xmin=0, xmax=BOUND, color=FLOORBOARD_COLOR,
linestyle='--', linewidth=2.0) #horizontal lines, with x
limits

    # 随机产生针并放置针
    def tossNeedle(self) :
        needle = Needle()
        self.needles.append(needle)
         p1 = [needle.endPoints[0][0], needle.endPoints[1]
[0]]
         p2 = [needle.endPoints[0][1], needle.endPoints[1]
[1]]
        for k in range (self.boards) :
            if needle.intersectsY(self.floorboards[k]):
                self.intersections += 1
                self.buffon.plot(p1, p2, color=NEEDLE_
INTERSECTING_COLOR, linewidth=0.5)
                return
        # 不与任何平行线相交则标记为绿色
        self.buffon.plot(p1, p2, color=NEEDLE_NON_
INTERSECTING_COLOR, linewidth=0.5)

    # 绘制所有针
    def plotNeedles(self) :
```

```
        for i in range(NEEDLES) :
            self.tossNeedle()
            self.results_text.set_text(self.updateResults
(i+1))
            if (i+1) % UPDATE_FREQ == 0 :
                plt.pause(1/UPDATE_FREQ)

    # 更新统计结果
    def updateResults(self, needlesTossed=0) :
        if self.intersections == 0 :
            sim_pi = 0
        else :
            sim_pi = (2 * NEEDLE_LENGTH * needlesTossed) /
(FLOORBOARD_WIDTH * self.intersections)
        error = abs(((math.pi - sim_pi) / math.pi) * 100)
        return("Intersections: " + str(self.intersections) +
"\nTotal Needles: " + str(needlesTossed) + "\nApproximation
                  of pi: " + str(sim_pi) + "\nError: "+
                  str(error) + "%")

    # 绘制地板和针，显示结果图
    def plot(self) :
        legend_lines = [mlines.Line2D([],[],color=FLOORBOARD_
COLOR, linestyle='--', lw=2),
                        mlines.Line2D([], [], color=NEEDLE_
```

```
INTERSECTING_COLOR,lw=1),
                        mlines.Line2D([],[],color=NEEDLE_NON_
INTERSECTING_COLOR, lw=1)]
        self.buffon.legend(legend_lines, ['floorboard',
'intersecting needle', 'non-intersecting needle'], loc=1,
framealpha=0.9)    #top left and mostly opaque
        self.plotFloorboards()
        self.plotNeedles()
        plt.show()

# 定义主函数
def main() :
    bsim = Buffon_Sim()
    bsim.plot()

main()
```

小 结

本章了解了圆周率的研究史上的相关知识及对其做出重要贡献的人物和研究方法，主要理解投针实验巧妙的设计原理和实验过程。在利用计算机模拟投针过程时，重点理解计算思维中抽象、转化的思想，例如，将随机投针动作转化为利用计

算机程序生成针的中心位置 X 和角度 θ 两个随机数，并结合 Python 中的 random 库、math 库和 matplotlib 库相关函数编程实现。体验用实验的方法估计复杂事件发生概率的过程，初步体会当实验次数很大时，实验频率会渐趋稳定于理论概率。

第4章 概率

概率是用来描述在一定的条件下，某事件发生的可能性的大小。概率主要研究不确定现象，它起源于博弈问题。15~16 世纪，意大利数学家们曾讨论过“如果两人赌博提前结束，该如何分配赌金”等问题。在我们的日常生活中也会经常遇到概率问题，掌握概率的知识和方法能帮助我们更好地做出决策。本章将从生活中的概率问题出发，通过编程模拟概率发生事件，最后给出某个事件发生的概率，帮助人们做决策。

4.1 问题情境

在生活中，经常会有一些事情我们事先就能确定它一定会发生。例如，太阳每天都会从东方升起。类似这种在一定条件下，一定会发生的事件称为必然事件。还有些事情我们事先能肯定它一定不会发生，这些事情称为不可能事件。例如，几个同学在玩掷一个骰子的游戏，就不会有哪个同学掷出的点数是 10 的情况。我们把必然事件与不可能事件统称为确定事件。

但是，在生活中还有许多事情我们事先无法肯定它会不会发生，这些事情称为不确定事件，也称为随机事件。例如，同学在掷均匀的骰子，某个同学掷出的点数是 1，就是一个不确定事件，因为我们无法确定它一定会发生。

不确定事件发生的可能性是有大有小的，历史上有很多数学家做过掷硬币实验，掷成千上万次，然后统计正面朝上的次数，算出正面朝上的频率（正面朝上次数 / 抛掷总次数）。在实验次数很多时，硬币正面朝上的频率都会在一个常数附近摆动，这个性质称为频率的稳定性。一般地，在大量重复的实验中，常用不确定事件 A 发生的频率来估计事件 A 发生的概率。

由于事件 A 发生的频率表示该事件发生的频繁程度，频率越大，事件 A 发生越频繁，这就意味着事件 A 发生的可能性也越大。因而，我们就用这个常数来表示事件 A 发生的可能性的

大小，我们把这个刻画事件 A 发生的可能性大小的数值，称为事件 A 发生的概率，记为 $P(A)$。必然事件发生的概率为 1，不可能事件发生的概率为 0，不确定事件 A 发生的概率 $P(A)$ 是 0 与 1 之间的一个常数。

这种用事件发生的频率来估算该事件发生的概率，得到的往往是概率的一个估计值。这也是最常见的估算概率的方法。除了这种方法外，还有列表法和树状图法。

1. 列表法

当一次实验要涉及两个因素，并且可能出现的结果数目较多时，为不重不漏地列出所有可能的结果，通常采用列表法。列表法是用表格的形式反映事件发生的各种情况出现的次数和方式，以及某一事件发生的可能的次数和方式，并求出概率的方法。例如，掷硬币时，掷第一枚硬币出现“正面朝上”和“反面朝上”的概率相同，掷第二枚硬币出现“正面朝上”和“反面朝上”的概率也相同，那么现在通过列表法求两次都出现“正面朝上”的概率，如表 4-1 所示。

表 4-1 掷硬币列表

第二枚硬币	第一枚硬币	
	正	反
正	（正，正）	（正，反）
反	（反，正）	（反，反）

总共有 4 种结果，每种结果出现的可能性相同，因此出现（正，正）的概率为 1/4。

2. 树状图法

当一次实验要涉及三个或更多个因素时，为了不重不漏地列出所有可能的结果，通常采用树状图。树状图是用树状图形的形式反映事件发生的各种情况出现的次数和方式，以及某一事件发生的可能的次数和方式，并求出概率的方法。例如，同学 1 和同学 2 玩“石头、剪刀、布”的游戏，问玩一次，同学 1 胜同学 2 的概率是多少？游戏规则：石头胜剪刀，剪刀胜布，布胜石头。利用树状图列出所有可能出现的结果，如图 4-1 所示。

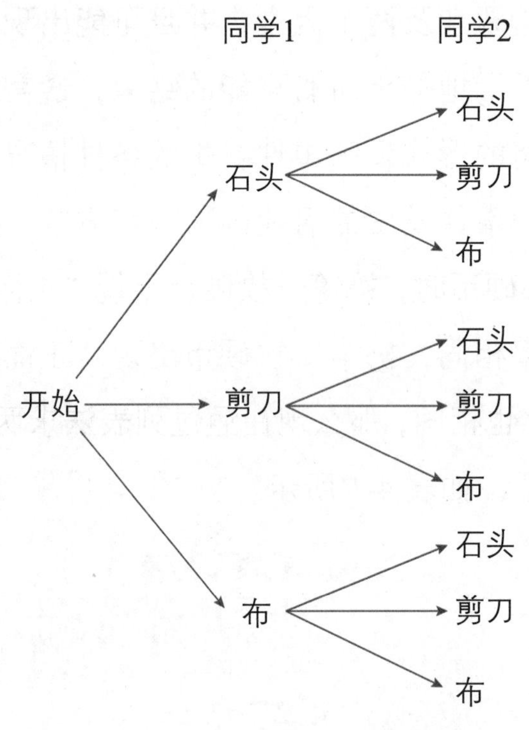

图 4-1 “石头、剪刀、布”树状图

总共有 9 种可能的结果，每种结果出现的可能性相同。同学 1 胜同学 2 的结果有 3 种：（石头，剪刀）（剪刀，布）（布，石头），所以获胜的概率为 3/9=1/3。

如果一个实验的每个结果出现的可能性相同，就称这个实

验的结果是等可能的。例如，掷硬币和“石头、剪刀、布”游戏都是等可能实验。一般地，如果一个实验有 n 个等可能的结果，事件 A 包含其中的 m 个结果，那么事件 A 发生的概率为 $P(A)=m/n$。例如，掷骰子时，任意掷一次，可能的结果有 6 种，并且每种的可能性相等。那么掷出的点数大于 4 的结果有 2 种，即掷出的点数为 5 或者 6，因此事件掷出的点数大于 4 的概率就是 2/6，也就是 P(掷出的点数大于 4)=2/6=1/3。

那么我们什么时候用事件发生的频率来估算该事件发生的概率?

当实验的可能结果不是有限个，或者各种结果发生的可能性不相等时，一般用统计频率的方法来估算概率。利用频率估计概率的数学依据是大数定律：当实验次数很大时，随机事件 A 出现的频率，稳定地在某个数值 P 附近摆动，这个稳定值 P 叫作随机事件 A 的概率，并记为 $P(A)=P$，并且 $0 \leqslant P \leqslant 1$。这里要注意利用频率估计出的概率是近似值。

4.2 案例：抽奖游戏的概率问题

有这样一个抽奖游戏，具体规则为：抽奖人会看到三扇关闭的门，需要从三扇门中选择一扇打开。这些门中有一扇后面是一辆汽车，选中后面有汽车的这扇门后就算赢了，奖品就是这辆车。另外两扇门后面各是一只山羊，如果选择的门后面是山羊就算输了，没有奖品。当抽奖人选定一扇门后且尚未开启这扇门时，主持人会从剩余的两扇门中开启一扇后面是山羊的门，然后询问抽奖人是否更换自己的选择，也就是说，选择另外一扇关闭的门。如果你是抽奖人你会更换选择吗？更换选择后获奖的概率是不是会增大呢？

这也就是著名的“三门问题”，也称为“蒙提霍尔问题”。这个游戏最早出现在美国的电视游戏节目中，该节目的主持人就是蒙提霍尔。1975 年，史蒂夫·塞尔文教授在《美国统计学家》上发表文章，把这个问题称为“蒙提霍尔问题”。针对这个问题，可以通过图 4-2 来说明。

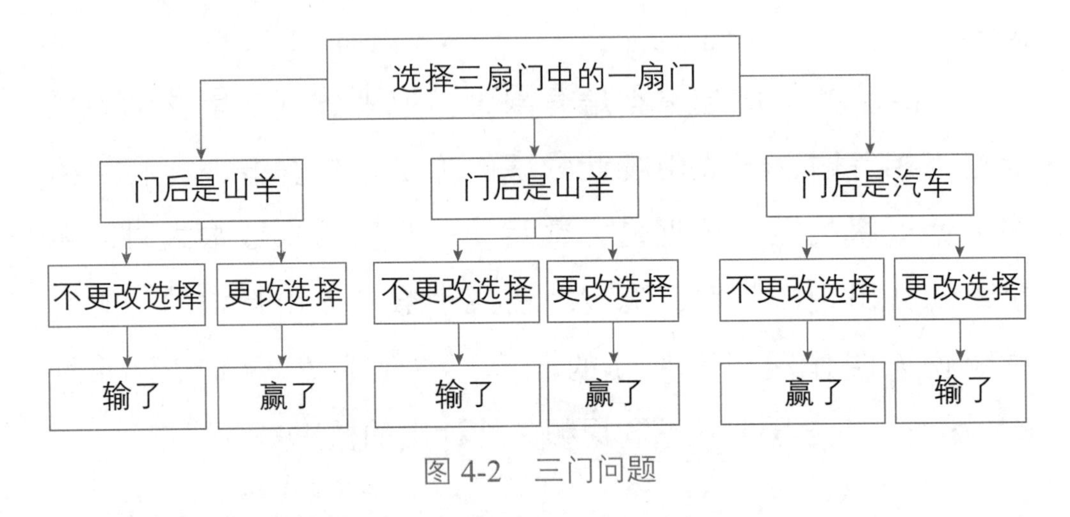

图 4-2　三门问题

下面将用计算机编程来解决这个问题。

4.2.1　编程前准备

我们知道，在相同条件下进行大量的重复实验，利用一个随机事件发生的频率逐渐稳定到某个常数，利用实验得出的这个频率常数来估计事件发生的概率，这是求概率的一种有效的途径和方法。那么如何在相同条件下进行大量的重复实验呢？可以用计算机来模拟这一过程。

在用计算机编程前，先解决以下几个问题。

问题 1：怎么计算坚持原来选择后获奖的概率或者更换选择后获奖的概率？

我们一起来思考，当抽奖者最开始从三扇门中随机地选择一扇门，这时中奖的概率应该为 1/3，因为三扇门后面有奖品的可能性相同。那么同理分析不能获奖的概率就为 2/3。

如果抽奖者最开始选择的门后有汽车，那么改变选择后的门后一定是山羊；如果抽奖者最开始选择的门后是山羊，那么改变选择后的门后一定是汽车。可以将上述过程独立地重复进行 n 次，然后用频率估算的方法估算出坚持原来选择后获奖的概率或者更换选择后获奖的概率。

问题 2：要怎么用计算机来模拟这个过程呢？

这个问题还可以分解为以下几个子问题。

（1）如何用计算机模拟一次开某个门的过程？

可以使用 Python 中的随机函数包（random）来实现。random 中的 randint() 函数可以产生在给定范围内的一个随机整数。例如，random.randint(1,10) 指的就是产生一个 1~10 的随机整数（包括 1 和 10）。对于这个问题，可以把三扇门进行编号，分别为 1、2、3，然后让计算机产生一个 1~3 的随机整数来表示要打开的那扇门的编号。具体代码为：random.randint(1,3)。该代码执行完，将随机产生一个 1~3 的整数（包括 1 和 3）。同样可以用此语句，模拟产生出背后有山羊的门号。然后再判断这两个值是否相等，若相等则表示获奖。这就用计算机模拟了一次开门的过程。既然要用频率来估算获奖概率，那就得重

复进行多次此实验。

（2）如果用代码实现实验独立重复 n 次呢?

可以将开启一扇门的过程定义为一个函数，然后利用程序设计中的循环结构，对函数调用 n 次，调用过程中计算不更换选择的获奖次数和更换后的获奖次数，然后分别除以重复的总次数，获得中奖频率。也可以改变循环执行次数，例如 1 000 次、100 000 次、1 000 000 次等来观察计算的频率结果，估算获奖的概率。

4.2.2 算法设计

下面从程序设计角度，分几个步骤完成任务。

（1）导入 Python 中的随机函数包（random）。

（2）定义模拟一次开门过程的函数 OpenDoor()。该函数的实现步骤如下。

①用 random 中的 randint() 函数随机产生后面有车的门号。实现的语句是 random.randint(1,3)。

②用 random 中的 randint() 函数随机产生抽奖者选择的门号，实现的语句是 random.randint(1,3)。

③当①和②两者产生的结果相同时表示不更换选择后获奖，函数返回 1。否则返回 0，表示更换选择后获奖。这部分用到了 if-else 选择结构。伪代码如下。

```
if 后面有车的门号 == 抽奖者选择的门号：
        return 1
else:
        return 0
```

函数 OpenDoor() 流程图如图 4-3 所示。

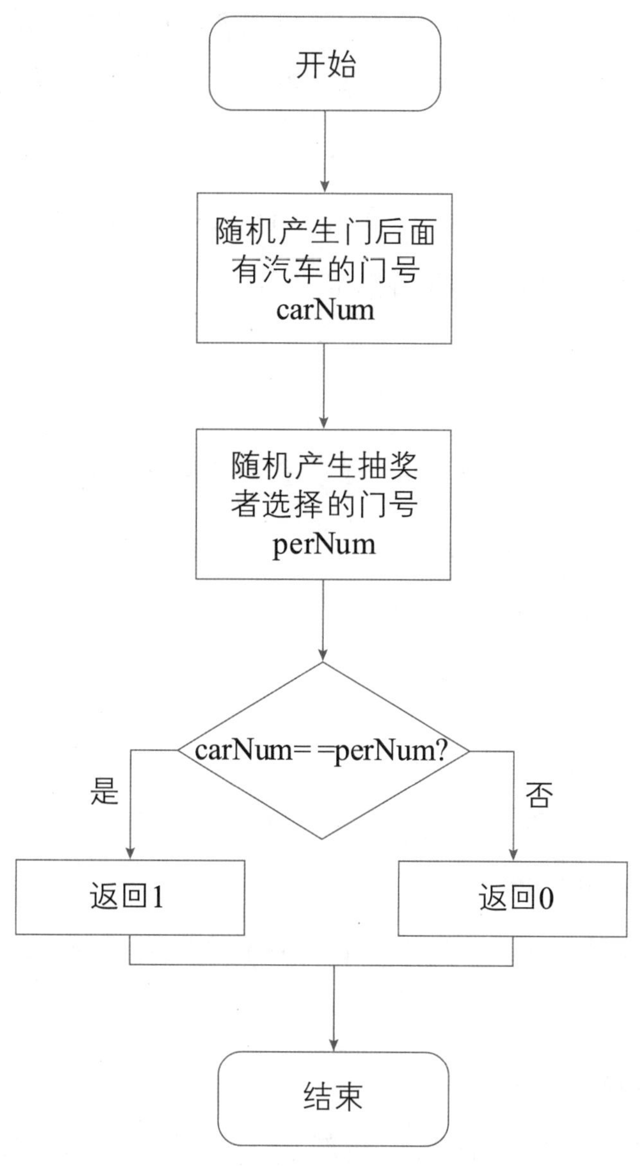

图 4-3 模拟一次开门的流程图

（3）定义统计中奖频率的函数 fun(times)。times 表示独立执行实验的次数。

①定义两个变量：stay 表示坚持后赢汽车的次数，change 表示改变后赢汽车的次数。这两个变量的初始值都设为 0。

②循环调用 OpenDoor() 函数，如果函数返回 1，表示坚持后赢得汽车，这时 stay+1；否则 change+1，表示改变后赢得汽车次数加 1。循环变量为 i，当 i>times 时，循环结束，times 表示循环次数。

这里用到了循环结构，Python 中的循环结构有 for 循环和 while 循环。for 循环的语句格式如下。

```
for X in Y:
    循环体
```

其中，X 表示自定义的循环变量，Y 表示可迭代的对象。以本案例的代码为例：

```
for i in range(times):
        if OpenDoor()==1:
            stay += 1
        else:
            change += 1
```

其中，i 表示循环变量，range() 函数可以指定循环次数。表示循环执行 times 次。

③最后输出频率。

我们用频率估算概率。此部分流程图如图 4-4 所示。

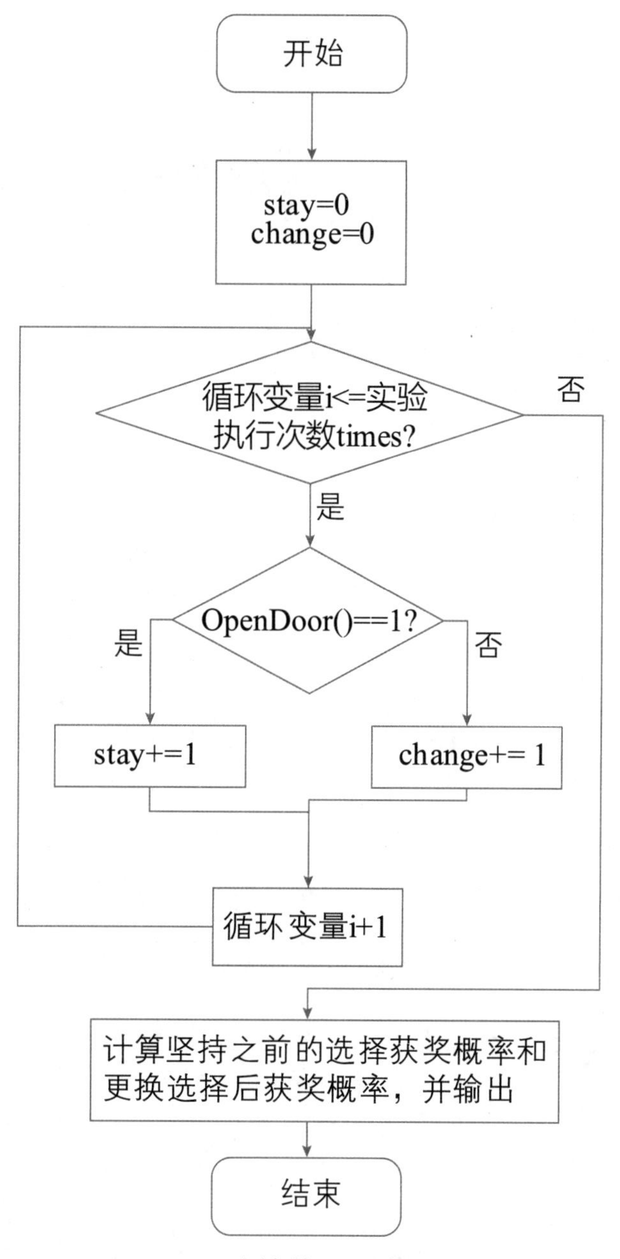

图 4-4　计算获奖概率流程图

（4）分别给 times 赋不同的值，然后调用 fun(times) 函数。例如，fun(100000)。通过多次模拟观察最后输出结果，估算概率。

4.3 编写程序及运行

按照上述算法设计，利用 random 库中相应的函数，以及 Python 中的控制结构，就可以编写代码。

4.3.1 程序代码

```
import random
# 模拟一次开门过程
def OpenDoor():
    carNum = random.randint(1,3)  # 随机产生门后面停着汽车的门号
    personNum = random.randint(1,3)  # 随机产生选择一扇门的门号
    if carNum==personNum:  # 判断是否选择了有车的那扇门
        return 1
    else:
        return 0

# 统计中奖频率
def fun(times):
    stay = 0  # 坚持后赢汽车的次数
    change = 0  # 改变后赢汽车的次数
    for i in range(times):
        if OpenDoor()==1:
```

```
            stay += 1
        else:
            change += 1
    print("实验次数：",times,"：坚持之前的选择获奖概率：",stay/
times,"；更换选择后获奖概率：",change/times,"。")

# 调用 fun 函数
fun(100)# 执行 100 次
fun(1000)# 执行 1000 次
fun(10000)# 执行 10000 次
fun(100000)# 执行 100000 次
fun(1000000)# 执行 1000000 次
```

4.3.2 运行程序

程序运行后结果如下。

实验次数：100: 坚持之前的选择获奖概率：0.32；更换选择后获奖概率：0.68。

实验次数：1000: 坚持之前的选择获奖概率：0.312；更换选择后获奖概率：0.688。

实验次数：10000: 坚持之前的选择获奖概率：0.3379；更换选择后获奖概率：0.6621。

实验次数：100000: 坚持之前的选择获奖概率：0.33286；更换选择后获奖概率：0.66714。

实验次数：1000000: 坚持之前的选择获奖概率：0.333102；更换选择后获奖概率：0.666898。

从运算结果可以看出：随着实验次数的不断增加，抽奖者坚持之前的选择或者更换选择后获奖的概率的近似值分别接近1/3和2/3。由此可得出，更换选择后获奖的概率更大。

拓展训练

【思考】案例的结果是更换选择后获奖概率更大。但是很多人对这个结论有异议，觉得该问题就相当于在两扇门之间选，不管是否更换选择，中奖的概率都应该是1/2。你是不是也有这样的疑惑？为什么会有不同的结论？其实关键点在于主持人对门后藏的东西是否知情。如果主持人事先知道山羊的位置，并特意选择后面是山羊的门打开了，那么请思考一下，这种情况是更换门后获奖的概率大还是更换或者不更换都一样大？如果主持人事先不知情，这时打开一个有羊的门，这种情况是更换门后获奖的概率大还是更换或者不更换都一样大？

【实践】本案例是在三扇门中进行选择，日常生活中的抽奖游戏其实更多样，如彩票。大家可以借鉴本案例所讲的方法用计算机模拟估算彩票的中奖概率。

小 结

本章介绍了概率的概念，以及一般求概率的三种方法：用频率估算、列表法和树状图。学习目标是根据实际需要，选择恰当的方法计算概率；会使用计算机编程用频率估算的方法计算一些事件发生的概率，在实际背景中体会它们的含义。本章的思维导图如图 4-5 所示。

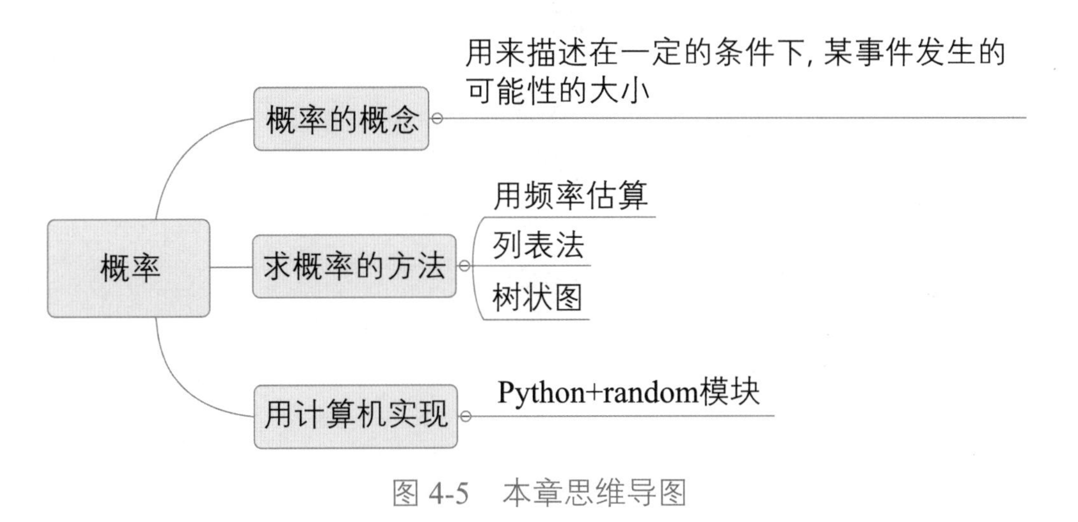

图 4-5　本章思维导图

物体的抛物线运动是指一个物体被抛出具有一定初速度且仅在重力作用下的运动，包括平抛和斜抛两种情况。物体的抛物线运动规律在生活中经常会见到，例如，运动项目中的铅球、标枪、运动射击等，还有一些跳伞表演等都会使用这种规律进行预判。本章学习如何使用 Python 中的 Pygame 库绘制一条轨迹抛物线。

5.1 问题情境

在出现重大地质灾害时，为了及时解决被围困的群众的生活需求，往往会采取空投的方式向灾区投放救灾物资，为了保证物资投放到位，总是要在到达指定投放地点提前进行物品的投放，被投放的物资总会沿着一种有规律的特定曲线下落到地面。这个下落曲线就是物体的平抛曲线。

物体以一定的初速度沿水平方向抛出，如果物体仅受重力作用，这样的运动就被称作平抛运动。

从物理知识知道，平抛运动可看作水平方向的匀速直线运动以及竖直方向的自由落体运动的合运动。平抛运动的物体，由于所受的合外力为恒力，所以平抛运动是匀变速曲线运动，平抛物体的运动轨迹为一抛物线。平抛运动是曲线运动，平抛运动的时间仅与抛出点的竖直高度有关；物体落地的水平位移与时间（竖直高度）及水平初速度有关。如图 5-1 所示为物体做平抛运动的示意图。

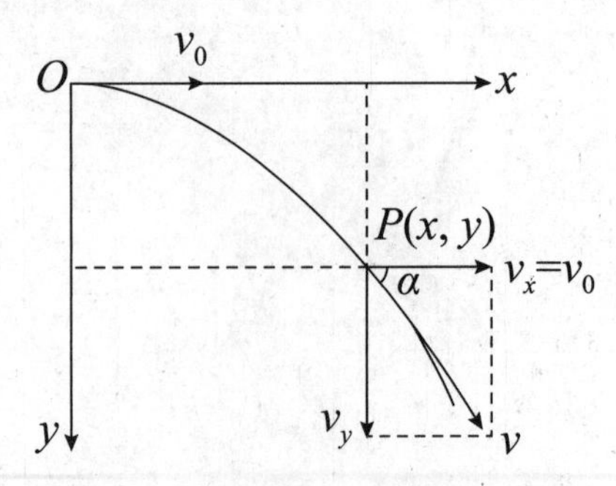

图 5-1　平抛运动的示意图

平抛运动可用运动的合成与分解来解决，即把位移分解为水平和竖直方向的两个分位移；同时把速度也分解为水平分速度和竖直分速度。

其中：

（1）水平位移为：$S(\text{水平})=v_0t$。

（2）竖直位移为：$H=(1/2)\times gt^2$。

（3）运动时间：$t^2=2H/g$。

5.2 案例：绘制飞机空投动画

飞机在空中按照一定的速度匀速飞行，通过按向上键可以增大飞机的速度，按向下键可以减小飞机的飞行速度，在地面上的随机位置出现投放点，飞机需要根据运动轨迹预判投放的时间，按空格键进行救灾物资投放，当成功完成一次投放得1分，完成10次投放任务后游戏结束，并计算投放成功率。

5.2.1 编程前准备

本章实验用到Pygame，它是一个专门用来开发游戏的Python模块，主要为开发、设计2D电子游戏而生，是一个免费、开源的第三方软件包，支持多种操作系统，具有良好的跨平台性（如Windows、Linux、macOS等）。Pygame是Pete Shinners在SDL（Simple DirectMedia Layer，一套开源的跨平台多媒体开发库）基础上开发而来的。

通过 Pygame 能够创建各种各样的游戏和多媒体程序，但相比于开发大型 3D 游戏来说，它更擅长于开发 2D 游戏，如扫雷、纸牌游戏、贪吃蛇、超级马里奥、飞机大战等。如果是 3D 游戏，可以选择一些功能更为全面的 Python 游戏开发库，如 Panda3D（迪士尼开发的 3D 游戏引擎）、PyOgre（Ogre 3D 渲染引擎）等。

Pygame 是可以实现 Python 游戏的一个基础包。下面简单看一下 Pygame 的一些基础用法。

1. 初始化窗口

初始化 Pygame，init() 类似于 Java 类的初始化方法，用于 Pygame 初始化。

```
Pygame.init()
```

设置屏幕，(500,400) 表示设置屏幕初始大小为 500×400，0 和 32 是比较高级的用法，这样便设置了一个 500×400 的屏幕。

```
surface = Pygame.display.set_mode((500, 400), 0, 32)
```

如果不设置 Pygame 事件，窗口会一闪而逝。这里去捕捉 Pygame 的事件，如果没有主动退出，窗口就会一直保持着，这样方便去设置不同的内容展示。

Pygame.display.set_caption 用于设置窗口的标题。

```
Pygame.display.set_caption(" 我的 Pygame 游戏 ")
```

2. 设置屏幕背景色

这里设置背景颜色为 (255, 255,255)，然后更新屏幕。

```
surface.fill((255, 255, 255))
Pygame.display.update() # 更新屏幕
```

3. 添加文字

首先获取 Font 对象，渲染 Font 对象，然后设置文本位置即可，Pygame.font.SysFont(None, 40) 获取到文字对象，然后渲染文字为 surface 对象，basicFont.render 方法第一个参数是文字，第二个参数表示是否去除锯齿，第三个和第四个参数是文字的颜色和文字的背景颜色。然后在一个屏幕的区域，使用 blit 将文字渲染到它上面。注意这里的渲染必须在屏幕的填充颜色之后，否则会覆盖文字。

```
# 获取字体对象
basicFont = Pygame.font.SysFont(None, 40)
#surface 对象
text = basicFont.render('飞机投放区', True, (255,255,255),
(0,255,0))
# 设置文本位置
textRect = text.get_rect()
textRect.centerx = surface.get_rect().centerx
textRect.centery = surface.get_rect().centery
# 将渲染的 surface 对象更新到屏幕上
surface.blit(text,textRect)
```

4. 绘制直线

通过 line 方法绘制直线，第一个参数是屏幕对象，之后是颜色和两个点，最后一个参数是线条宽度。

```
Pygame.draw.line(surface, (0, 0, 255), (50, 40), (100,
100), 10)
```

5. 绘制圆形

circle 用来绘制圆形，第一个参数和第二个参数是屏幕对象和颜色，之后是圆心和半径，最后一个参数表示宽度，如果设置为 0，则是一个实心圆。

```
Pygame.draw.circle(surface, (0, 0, 255), (50, 40), 20, 10)
```

6. 绘制矩形

rect 用来绘制矩形，第一个和第二个参数同上，第三个参数分别指定左上角和右下角位置。

```
Pygame.draw.rect(surface, (0, 0, 255), (50, 40, 20, 10))
```

7. 绘制椭圆

通过 ellipse 来绘制椭圆，第一个参数和第二个参数同上，第三个参数分别指定 x 和 y 轴的左上角，之后是 x 和 y 的半径，最后一个参数是宽度。

```
Pygame.draw.ellipse(surface, (0, 0, 255), (50, 40, 20,
10), 2)
```

本实验编程前准备如下。

（1）下载并安装 Pygame 库文件（选择对应版本的软件包）。

① pip 包管理器安装。

这是最为轻便的一种安装方式，推荐使用。首先确定计算机已经安装了 Python（推荐使用 3.7 以上版本），然后打开 cmd 命令行工具，输入以下命令即可成功安装。

```
pip install Pygame
```

上述安装方法同样适用于 Linux 和 macOS 操作系统。

②二进制安装包安装。

Python 第三方库官网（http://www.Pygame.org/download.shtml）提供了不同操作平台的 Pygame 安装包，下载后，打开一个 cmd 命令行窗口，切换到该安装程序所在的文件夹，并执行以下命令进行安装。

```
Python - m pip install --user Pygame-2.0.2-cp27m-win_amd64.whl
```

（2）图像的加载。

Pygame 在显示图像前需要使用 Pygame.image.load() 函数加载位图文件，如 .JPG、.PNG、.GIF、.BMP、.PCX、.TGA、.TIF 等。在加载图像时所加载的图像要与程序文件保存在同一文件夹下，如果不在同一文件夹中需要添加文件路径。加载飞机图像的语句为 pic1=Pygame.image.load('plane1.png')。

（3）图像的显示。

使用 surface 对象（通常称之为屏幕）来绘制位图。Surface 类的 blit() 函数用来绘制位图。

```
Screen.blit(image,(x,y))
```

图片绘制的位置 x，y 坐标为图像左上角的位置。

（4）连接多个点画线。

Pygame 有一个画线的方法将多个点连接起来绘制一条线：

```
Pygame.draw.lines(screen,color,False,plotpoints,width)
```

它需要 5 个参数，分别如下。

①画线的表面。

②颜色。

③是否要形状闭合。若不希望闭合，这个参数是 False，闭合参数为 True。

④要连接的点的列表。

⑤线宽。

5.2.2 算法设计

首先，需要绘制飞机投放动画，飞机从屏幕左侧向右侧飞行，在地面上随机出现一个物品投放区，在飞行的过程中可以通过向上键和向下键控制飞机飞行的速度，然后需要通过目测预计物品投放的曲线，按空格键投放物品，当物品到达地面时可以判断是否投放到指定区域。

程序流程图如图 5-2 所示。

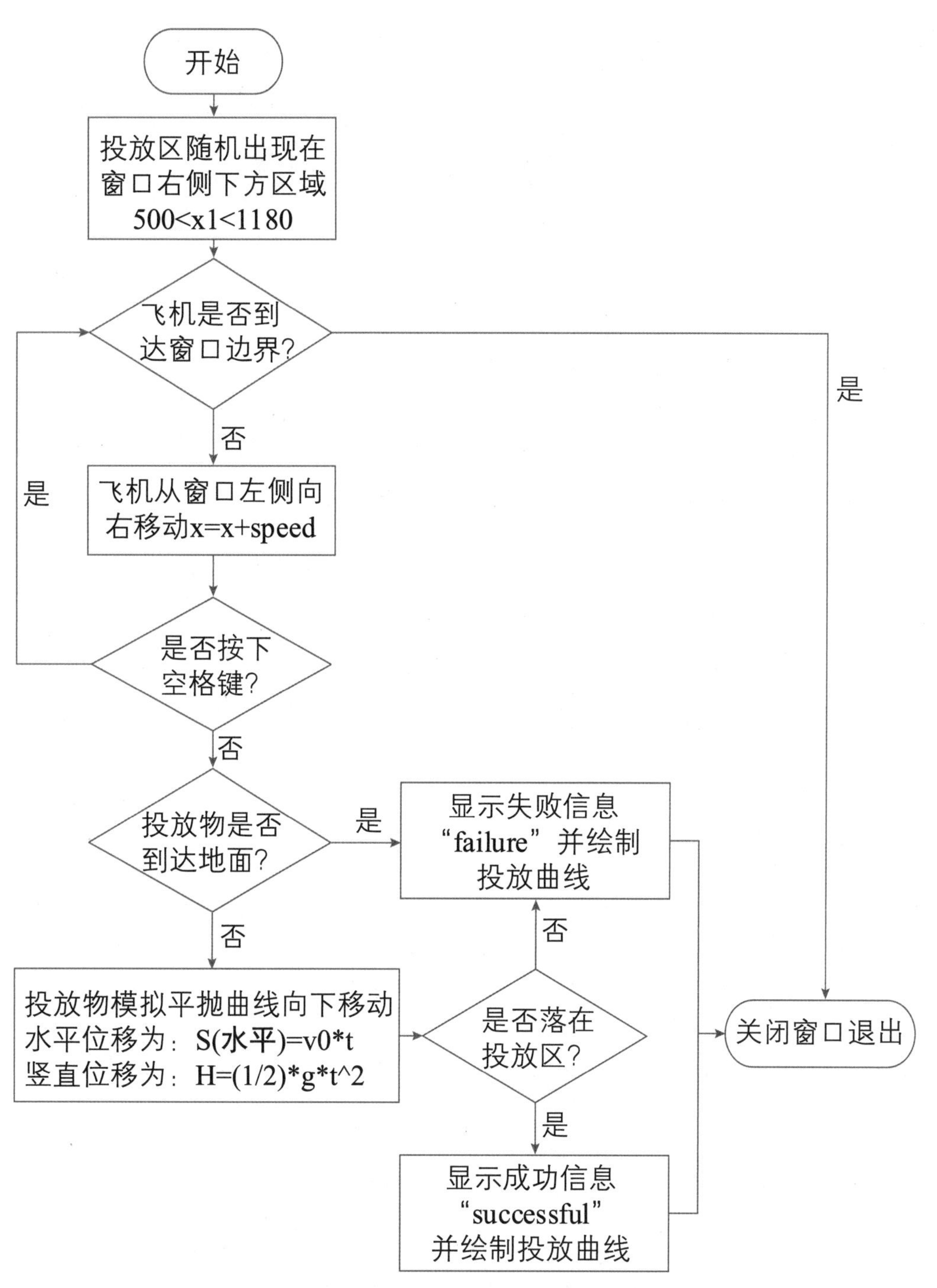

图 5-2 绘制飞机投放动画流程图

5.3 编写程序及运行

5.3.1 程序代码

```
#1. 在动画的开始需要预先进行程序所需库文件的导入
# 导入所需库文件
import pygame,os,time,random
# 导入所有 pygame.locals 里的变量
from pygame.locals import*
 # 初始化 Pygame
Pygame.init()

#2. 初始化窗口是控制角色在窗口内活动的前提
# 设置窗口的大小，单位为 px
screen=pygame.display.set_mode((1280,600))
# 设置窗口标题
pygame.display.set_caption(' 投放物品 ')

#3. 在动画中需要用问题进行信息的提示，创建函数 print_text() 简化文字
# 输入代码
def print_text(font,x,y,text):
    imgText=font.render(text,True,(0,0,0))
```

```
    screen.blit(imgText,(x,y))

#4.定义文字显示字体、字号
font1=pygame.font.Font(None,48)
font2=pygame.font.Font(None,200)

#5.传入素材图片
#定义飞机图片，确保本路径有对应文件
pic1=pygame.image.load('plane.png')
#定义包裹图片，确保本路径有对应文件
bag=pygame.image.load('bag.png')

#填充屏幕颜色，Pygame使用的是RGB系统
screen.fill((0,255,255))
#设置初始飞行速度
speed=5
#左上角显示实时飞行速度
print_text(font1,20,20,'SPEED:'+str(speed))
#将plane图标显示在左上角
screen.blit(pic1,(0,50))
#随机生成(500,1180)中的一个数x1，用于随机生成一个投放区
x1=random.randint(500,1180)
x=0
y2=50
#循环判断飞机是否在屏幕窗口内
```

```
while x<1180:
    screen.fill((0,255,255))
    # 左上角显示实时飞行速度
    print_text(font1,20,20,'SPEED:'+str(speed))
    # pygame.event.get(): 实时监听用户事件
    for event in pygame.event.get():
        # 监听关闭窗口
        if  event.type ==pygame.QUIT:
             #os._exit() 会直接将 Python 程序终止，之后的所有代码
# 都不会继续执行
            #exit(0): 无错误退出
            #exit(1): 有错误退出
            os._exit(0)
        # 通过键盘向上、向下键控制飞机移动速度
        elif event.type == pygame.KEYDOWN:
            # 飞机移动速度增大
            if event.key == pygame.K_UP:
                if speed<20:
                    speed=speed+2
                    print_text(font1,20,20,'SPEED:'+str(speed))
                    # 更新部分软件界面显示
                    pygame.display.update()
            # 飞机移动速度减小
            if event.key == pygame.K_DOWN:
                if speed>5:
```

```
                speed=speed-2
                print_text(font1,20,20,'SPEED:'+str(speed))
                pygame.display.update()
        #按下空格键，投放物品并绘制投放曲线
        if event.key == pygame.K_SPACE:
            x2=x
            v=speed
            t=1
            plotpoints=[]
            #当物品到达地面停止移动
            while y2<520 :
                for event in pygame.event.get():
                    if event.type ==pygame.QUIT:
                        os._exit(0)
                screen.fill((0,255,255))
                print_text(font1,20,20,'SPEED:'+str(speed))
                #绘制投放区
                pygame.draw.rect(screen,(255,0,0),(x1,
580,100,20),0)
                #推迟调用线程的运行，可通过参数secs指定秒数，
#表示进程挂起的时间
                time.sleep(0.1)
                screen.blit(pic1,(x,50))
                #实时计算背包对应的坐标
                #计算水平位移
```

```
                    x2=x2+v*t
                    #计算竖直位移
                    y2=y2+(10*(t**2)*0.5)
                    plotpoints.append([x2+50,y2+50])
                    screen.blit(bag,(x2,y2))
                    #判定游戏胜利
                    if x2>x1 and x2<x1+100 and y2>490:
                        pygame.draw.lines(screen,[255,0,0]
,False,plotpoints,3)
                        print_text(font2,400,200,'successful')
                        pygame.display.update()
                        #等待10s后退出
                        time.sleep(10)
                        os._exit(0)
                    pygame.display.update()
                    t+=1
                print(plotpoints)
                pygame.draw.lines(screen,[255,0,0],False,
plotpoints,3)
                print_text(font2,400,200,'failure')
                pygame.display.update()
                time.sleep(10)
                os._exit(0)
    x=x+speed
    time.sleep(0.1)
```

```
screen.blit(pic1,(x,50))
pygame.draw.rect(screen,(255,0,0),(x1,580,100,20),0)
pygame.display.update()
```

5.3.2 运行程序

飞机在飞行期间，通过操作向上或向下键调整飞机的飞行速度，按空格键投放物品，其中，图 5-3 为投放失败结果示意图，图 5-4 为投放成功结果示意图。

图 5-3　投放失败结果示意图

图 5-4　投放成功结果示意图

拓展训练

学校举办运动会，程程参加了推铅球项目，铅球在点 A 处出手，出手时球离地面约 5/3m；铅球落地在点 D 处。铅球运行中在运动员前 4 m 处（即 $OC = 4$）达到最高点，最高点高为 3 m。已知铅球经过的路线是抛物线，根据如图 5-5 所示，你能算出程程的成绩 OD 的长度吗？

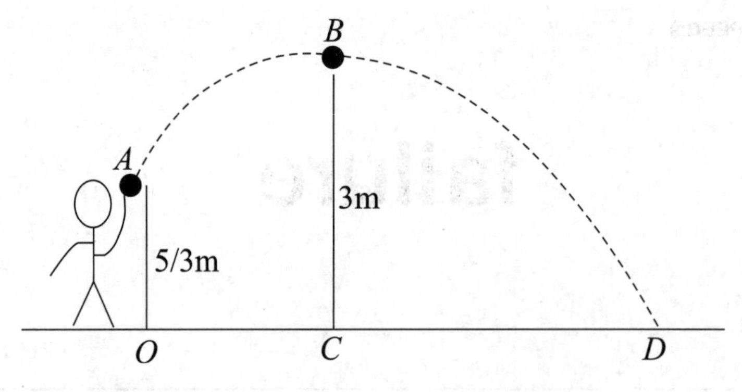

图 5-5　推铅球程序示意图

小　结

1. 认识 Pygame 模块，熟悉 Pygame 模块的安装。
2. 运用 Pygame 模块制作交互动画的方法。
3. 通过键盘指令控制动画执行。
4. Pygame 中文字的显示与移动曲线的绘制。

在日常生活中，经常会遇到可以用一元一次函数解决的问题。例如，去超市购物，超市经常会进行促销打折优惠活动，例如，某个物品打八折、满几件再减多少元等，超市往往会提供多种优惠方案，我们能否利用所学的知识，做出明智的选择？其实这些都涉及变量的线性依存关系，可以用一元一次函数解决。本章将讨论一元一次函数的编程实现，以及绘制函数图形。

6.1 问题情境

什么是一元一次函数呢？它是指在某个变化中，包含 x 和 y 两个变量，一个变量会随着另一个变量变化而变化，并且可以满足 $y=kx+b$（k 为一次项系数，$k \neq 0$，b 为常数）这样的关系式，那么就说 y 是 x 的一次函数。函数中 x 的取值范围（定义域）是全体实数。如果人为限定 x 的取值范围，那么定义域则与限定的取值范围一致。一元一次函数 $y=kx+b(k \neq 0)$ 是增还是减可根据 k 的正负性来判断。若 $a>0$，则函数为增函数；若 $a<0$，则函数为减函数。

一元一次函数的图像具有很多特点，通过绘制函数图像的方法来解决问题能够直观地找出变量间的对应关系，使函数的有关性质明显地从图形上反映出来。可以根据已有条件绘制出函数的图像，并得到相应的计算结果。

例如，一元一次函数的关系式为 $y=kx+b$，其中，系数 k 不能为 0，b 为常量，k 和 b 的值共同决定了一元一次函数的图像。

下面探究一元一次函数 $y=kx+b$（$k \neq 0$）图像有哪些特点，然后利用函数图像找出问题结果。

（1）当 $k>0$，分为以下三种情况。

①若 $b>0$，则函数通过一、二、三象限，如图 6-1(a) 所示。

②若 $b<0$，则函数通过一、三、四象限，如图 6-1(b) 所示。

③若 $b=0$，则函数通过一、三象限，并必通过原点 (0,0)，

如图 6-1(c) 所示。

（2）当 $k<0$，分为以下三种情况。

①若 $b>0$，则函数通过一、二、四象限，如图 6-1(d) 所示。

②若 $b<0$，则函数通过二、三、四象限，如图 6-1(e) 所示。

③若 $b=0$，则函数通过二、四象限，并必通过原点 (0,0)，如图 6-1(f) 所示。

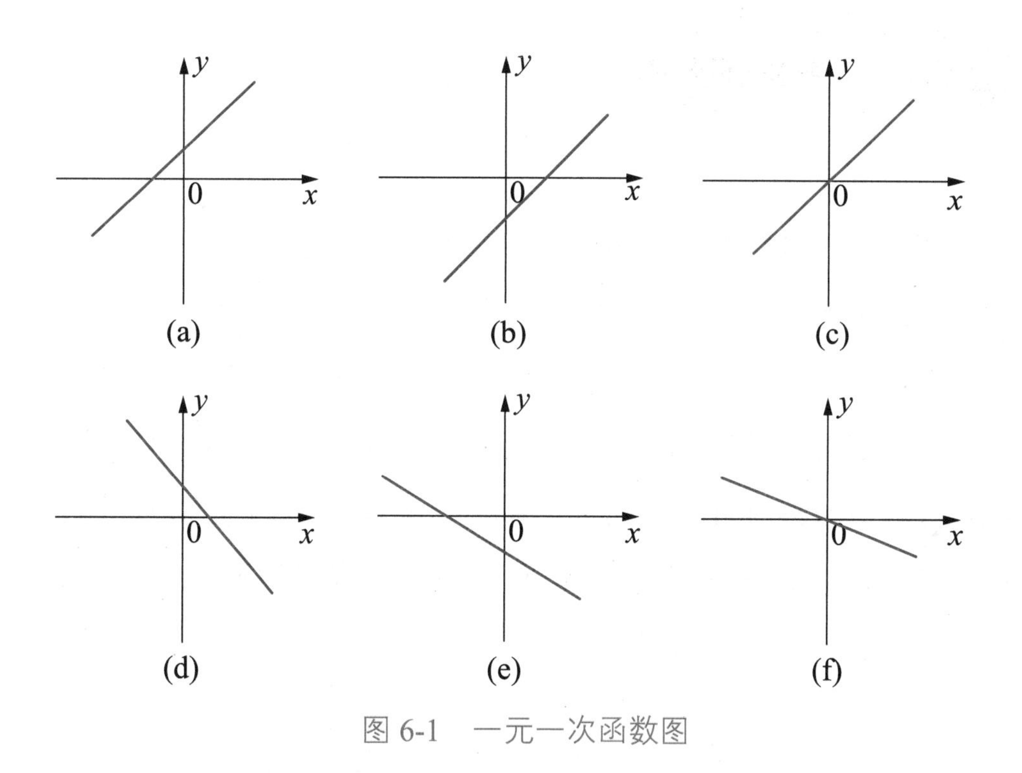

图 6-1　一元一次函数图

6.2　案例：沙尘暴预测分析

气象研究中心观测一场沙尘暴从发生到结束的全过程。沙尘暴开始时风速平均每小时增加 2km/h，4h 后，沙尘暴经过开阔荒漠地，风速增加 4km/h，直到 10h 后，风速保持不变。

25h 后沙尘暴遇到绿色植被区，其风速减少 1km/h，最终停止。请你根据已有条件绘制沙尘暴变化图像，并判断沙尘暴从开始到结束经历了多长时间，沙尘暴的最大风速到达了多少千米每小时。

能否通过一元一次函数来解决这个问题？如何通过编程来实现，并且绘制函数图像？

6.2.1 编程前准备

1. 问题分析

案例中沙尘暴根据时间的不同增加的速度也是不同的，通过对问题的分析发现，每段风速的变化和时间都是一元一次函数的关系。可以将风速的变化划分为 4 个阶段，第一阶段在 4h 之内，风速每小时增加 2km；第二阶段在 5~10h，每小时增加 4km；第三阶段在 10~25h，保持风速不变；第四阶段超过 25h 到沙尘暴停止，风速每小时减少 1km。这样可以列出一个分段函数，如图 6-2 所示。

$$
\begin{cases}
s_1=2t & 0 \leqslant t \leqslant 4 \\
s_2=s_1+4\times(t-4) & 4 < t \leqslant 10 \\
s_3=s_2 & 10 < t \leqslant 25 \\
s_4=s_3-1\times(t-25) & t > 25
\end{cases}
$$

图 6-2　分段函数图

其中，s_1、s_2、s_3、s_4 表示不同时段的风速，t 表示时间。

通过一元一次函数我们可以根据 t 来求出对应的风速，并且可以根据已有条件绘制出函数图像将能够帮助我们很好地解决问题，直观地获得结果。

2. Pygame 屏幕坐标

在第 5 章的案例中我们了解到 Pygame 库的使用。首先通过语句 pygame.display.set_mode（800,600）创建一个窗口用来绘制图像，窗口的坐标以窗口左上角为（0,0）点。向右 x 值逐渐增加，向下 y 值逐渐增加，如图 6-3 所示。

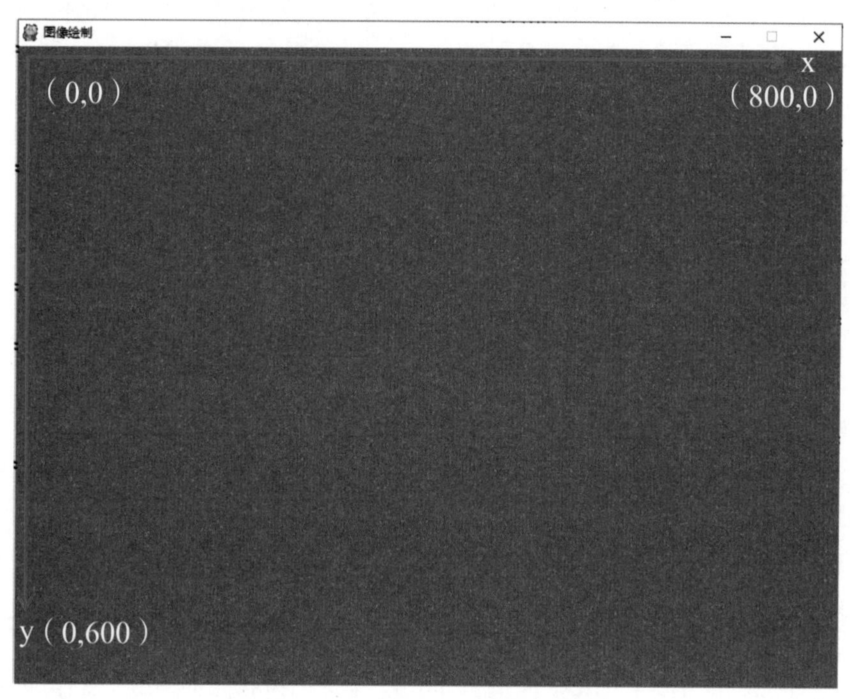

图 6-3　Pygame 窗口坐标

这里用 x 轴表示时间 t，y 轴表示风速 s。

绘制多条连续的线段的函数为 pygame.draw.lines(Surface, color, closed, pointlist, width)。该函数中 5 个参数的含义分别如下。

- Surface：窗口对象。
- color：线条颜色。
- closed：是否封闭图形，布尔型。True：起点与终点会

连起来成为一个封闭图形；False：起点与终点不会连起来。

- pointlist：折线各个节点的坐标列表。元素是二元组的列表。
- width：线宽，默认值为 1。

例如，pygame.draw.lines(screen, (0,0,0),False,plotpoints,4) 表示在 screen 窗口上绘制 plotpoints 列表中的各个节点依次相连的折线，颜色为黑色，线宽为 4，并且不封闭。

6.2.2 算法设计

1. 绘制第一段图像

分析案例发现，0~4h 风速每小时增加 2km，是一个典型的一次函数，可得函数关系式 $s_1=2t_1$（s_1 为第一阶段风速，t_1 为时间），满足一元一次函数关系式要求，所以图像为一条线段，因此计算出起点坐标和终点坐标就可以绘制出函数图像了。由于原点位于屏幕左上角，可以通过平移的方法把图像移到屏幕下方。

由于窗体的高度为 600，所以平移图像时，计算的 s 的值应该替换为 $600-s$。

为了让图像显示清楚，x 轴表示时间 t，用每 10px 表示 1h。因此，第一阶段求风速的核心代码如下。

```
for t1 in range(5):
        t1=t1*10
        s1=600-2*t1
        plotpoints.append([t1,s1])
```

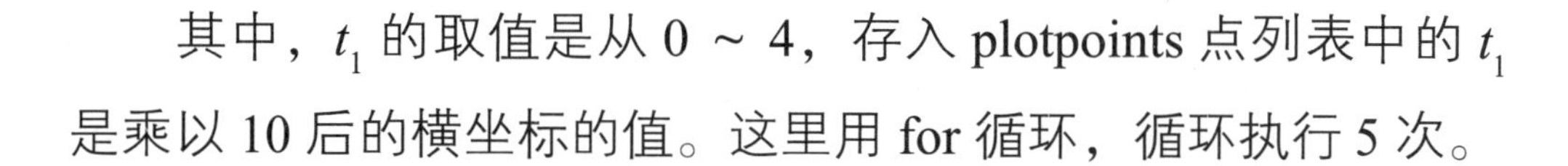

其中，t_1 的取值是从 0 ~ 4，存入 plotpoints 点列表中的 t_1 是乘以 10 后的横坐标的值。这里用 for 循环，循环执行 5 次。

2. 绘制第二段图像

第二段图像是在第一段的基础上继续绘制的，所以需要选取第一段图像的终点作为第二段图像的起点。第二段图像每小时增加 4km，可得函数关系式 $s_2=s_1+4(t_2-4)$（s_2 为第二阶段风速，s_1 表示第一阶段最后的风速，t_2 为第二阶段的时间），满足一元一次函数关系式要求。图像为一条线段，计算线段终点的坐标即可绘制出第二段函数图像。由于原点位置平移，计算 s_2 的值就变换成 $s_1-4(t_2-4\times 10)$。

第二阶段求风速的核心代码如下。

```
for t2 in range(5,11):
        t2=t2*10
        s2=s1-4*(t2-4*10)
        plotpoints.append([t2,s2])
```

其中，t_2 的取值是从 5 ~ 10，存入 plotpoints 点列表中的 t_2 是乘以 10 后的横坐标的值。这里用 for 循环，循环执行 6 次。

3. 绘制第三段图像

第三段图像风速在 10~25h 内保持不变，这段图像为一条保持 y 坐标不变的线段，线段的起点坐标为第二段图像的终点坐标，终点坐标 t=25，s 与起点坐标相同。

第三阶段求风速的核心代码如下。

```
for t3 in range(11,26):
        t3=t3*10
```

```
        s3=s2
        plotpoints.append([t3,s3])
```

其中，t_3 的取值是从 11 ～ 25，存入 plotpoints 点列表中的 t_3 是乘以 10 后的横坐标的值。这里用 for 循环，循环执行 15 次。

4. 绘制第四段图像

第四段图像为到达 25h 后，风速每小时减小 1km，可得函数关系式 $s_4=s_3-1\times(t_4-25)$（s_4 为第四阶段风速，s_3 为第三阶段最后风速，t_4 为第四阶段时间），满足自变量系数为 –1，是一个反比例函数。线段起点为第三段图像的终点，线段终点为 $s_4=0$ 时图像上的点。由于原点位置平移，计算 s_4 的值就变换成 $s_4=s_4+10\times1$。1 表示减小的风速，10 表示 1h 是 10px。

第四阶段求风速的核心代码如下。

```
t4=26*10
s4=s3
plotpoints.append([t4,s4])
while s4<600:
        s4=s4+10
        t4=t4+10
        plotpoints.append([t4,s4])
```

这里用了 while 循环，while 循环后面的循环条件是 $s_4<600$，也就是说，当 $s_4\geqslant600$ 时结束循环，因为坐标平移，当风速为 0 时，纵坐标的值就为 600。

至此，算法设计就结束了。整个过程如图 6-4 所示。

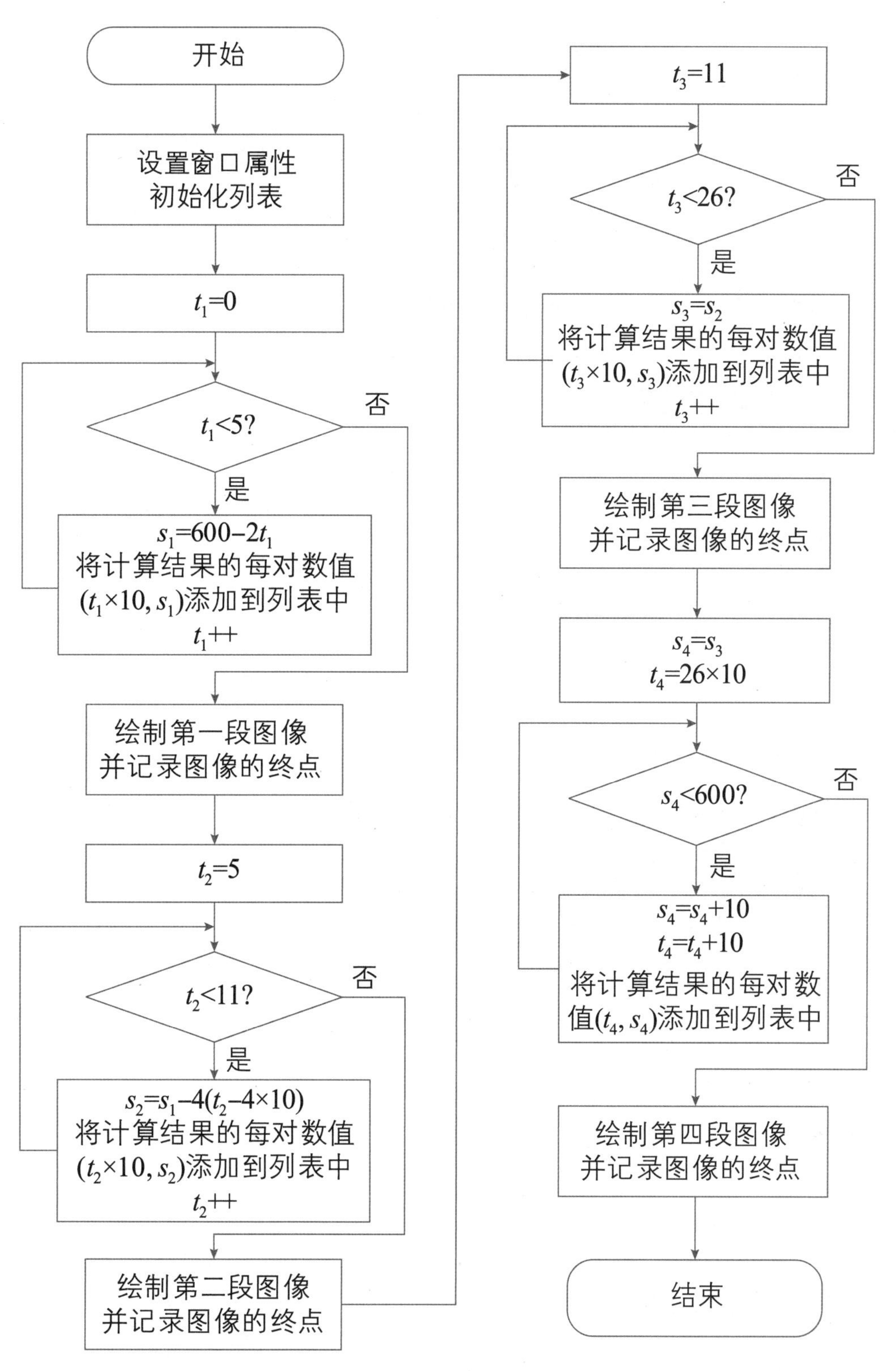
开始
设置窗口属性
初始化列表
$t_1=0$
$t_1<5?$
否
是
$s_1=600-2t_1$
将计算结果的每对数值
$(t_1\times10, s_1)$添加到列表中
t_1++
绘制第一段图像
并记录图像的终点
$t_2=5$
$t_2<11?$
否
是
$s_2=s_1-4(t_2-4\times10)$
将计算结果的每对数值
$(t_2\times10, s_2)$添加到列表中
t_2++
绘制第二段图像
并记录图像的终点
$t_3=11$
$t_3<26?$
否
是
$s_3=s_2$
将计算结果的每对数值
$(t_3\times10, s_3)$添加到列表中
t_3++
绘制第三段图像
并记录图像的终点
$s_4=s_3$
$t_4=26\times10$
$s_4<600?$
否
是
$s_4=s_4+10$
$t_4=t_4+10$
将计算结果的每对数
值(t_4, s_4)添加到列表中
绘制第四段图像
并记录图像的终点
结束

图 6-4　流程图

6.3 编写程序及运行

根据算法的每一步设计，可以用编程来实现。

6.3.1 程序代码

```
# 导入所需库文件
import os
import pygame

# 设置窗口的大小，单位为 px
screen=pygame.display.set_mode((800,600))
# 设置窗口标题
pygame.display.set_caption(' 图像绘制 ')

# 设置窗口背景色为蓝色
screen.fill((0,0,255))
# 变量 color 为黑色
color=(0,0,0)

#plotpoints 为空列表
plotpoints=[]
```

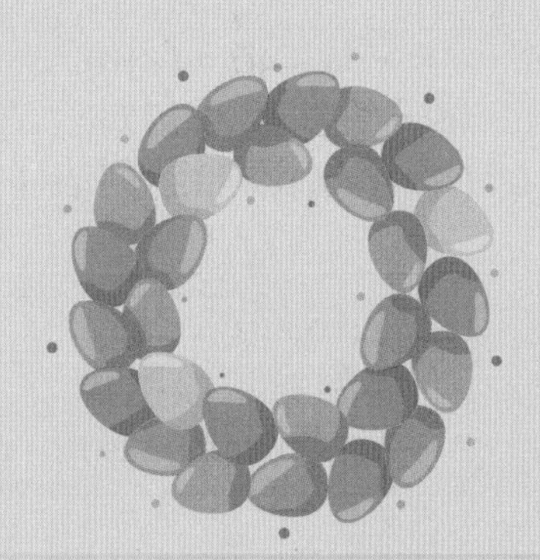

```
# 求第一阶段风速，用循环结构将坐标（t1,s1）放入 plotpoints 列表中
for t1 in range(5):
        t1=t1*10
        s1=600-2*t1
        plotpoints.append([t1,s1])

# 根据 plotpoints 列表中的值绘制多条连续的线段（不封闭），线宽为 4
pygame.draw.lines(screen,color,False,plotpoints,4 )
# 删除列表中的第 0~3 个数据，列表中保留了第一阶段的最后一个点的坐标值
del plotpoints[0:4]

# 求第二阶段风速，用循环结构将坐标（t2,s2）放入 plotpoints 列表中
for t2 in range(5,11):
        t2=t2*10
        s2=s1-4*(t2-4*10)
        plotpoints.append([t2,s2])

# 画多条线段
pygame.draw.lines(screen,color,False,plotpoints,4 )

# 删除列表中的第 0~5 个数据，列表中保留了第二阶段的最后一个点的坐标值
del plotpoints[0:6]

# 求第三阶段风速，用循环结构将坐标（t3,s3）放入 plotpoints 列表中
for t3 in range(11,26):
```

```
        t3=t3*10
        s3=s2
        plotpoints.append([t3,s3])

# 画多条线段
pygame.draw.lines(screen,color,False,plotpoints,4 )

# 删除列表中的第 0~14 个数据，列表中保留了第三阶段的最后一个点的坐标值
del plotpoints[0:15]

# 求第四阶段风速
t4=26*10    # 设置 t4 的初值
s4=s3   # 设置 s4 的初值
# 将坐标（t4,s4）放入 plotpoints 列表中
plotpoints.append([t4,s4])
# 用循环结构将坐标（t4,s4）放入 plotpoints 列表中
while s4<600:
        s4=s4+10
        t4=t4+10
        plotpoints.append([t4,s4])

# 画多条线段
pygame.draw.lines(screen,color,False,plotpoints,4 )

# 更新界面显示
```

```
pygame.display.update()


while True:
# 监听用户事件
        for event in pygame.event.get():
                        if  event.type ==pygame.QUIT:
# 退出
                                os._exit(0)
```

6.3.2 运行程序

程序的运行结果如图 6-5 所示。

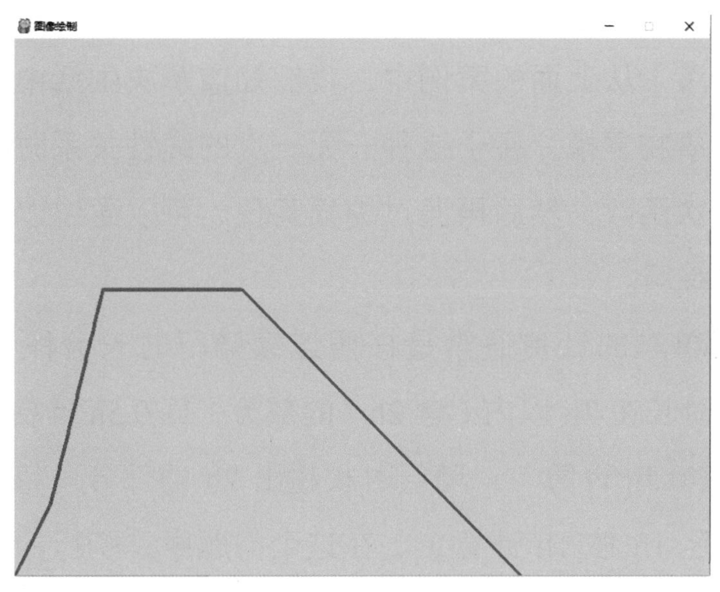

图 6-5 运行结果

从结果图中能看到，整个函数图可以分为 4 个阶段，如图 6-6 所示。除了第三段外，每一段都是一个一元一次函数。

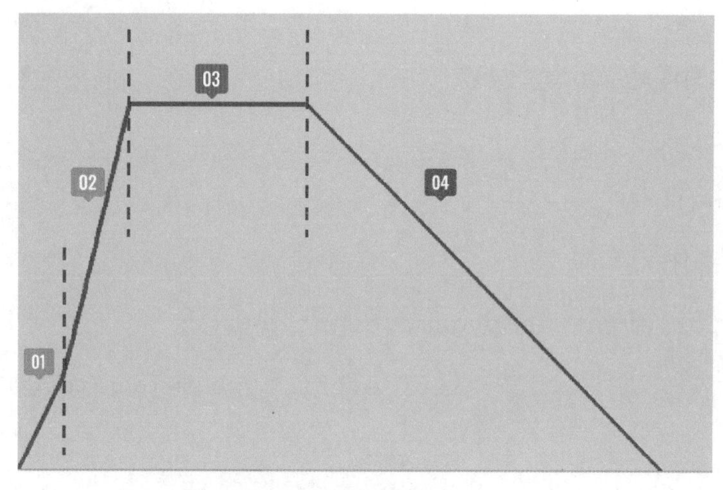

图 6-6　结果分析图

从图中可以观测到沙尘暴的最大风速是在第三阶段。

拓 展 训 练

【思考】从上面的案例中，我们知道解决生活中的问题，首先要对事物建模，属于这种一元一次的线性关系时，可以列出一元一次函数，然后再通过编程实现。可以通过以下的例子进行拓展练习。

共享单车的计费通常是按照连续骑行时长分段计算费用的：骑行时长在 2h 以内（含 2h）的部分，每 0.5h 计费 1 元（不足 0.5h 按 0.5h 计算）；骑行时长超出 2h 的部分，每小时计费 4 元（不足 1h 按 1h 计算）。在这个问题中，骑行的费用就是随着骑行时长的变化而变化的，但又会根据不同的时间分段按照不同的标准计费。你能通过编程的方法计算出连续骑行 5h 应支付多少元吗？如果连续骑行 x 小时（$x>2$ 且 x 为整数）需

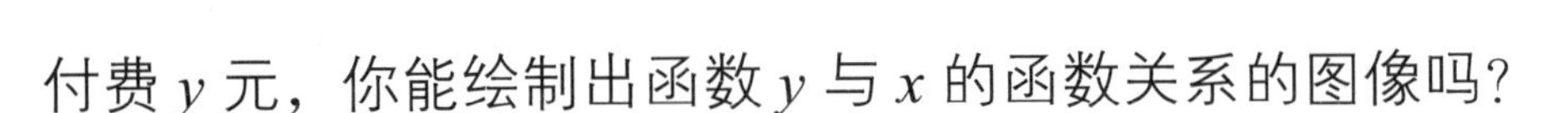

付费 y 元，你能绘制出函数 y 与 x 的函数关系的图像吗？

【实践】对于这个问题，可以创建骑行时长和计费的一元一次函数，然后根据本章案例中介绍的方法进行编程，绘制函数图帮助分析。大家可以试一试。

小　结

本章进一步了解了用 Python pygame 库绘图的方法，了解了如何绘制多条线段的方法，以及 Pygame 库绘图窗口的坐标是如何设定的。还讲解了如何用 Python 编程实现一元一次函数的图像绘制。这里的重点是利用 Python 中的循环结构完成对一元一次函数的求解，即对已知的 x 值求 y 的值，并将 x 和 y 的值存入列表中，利用 Pygame 库中的绘图函数绘制函数图。通过编程理解问题背后的数学思维逻辑。

第7章 三角函数

三角函数（也叫作“圆函数”）是角的函数，研究三角形和建模周期现象是很重要的。三角函数通常定义为包含这个角的直角三角形的两个边的比率，也可以等价地定义为单位圆上的各种线段的长度。

早期对于三角函数的研究可以追溯到古代。古希腊三角术的奠基人是公元前 2 世纪的喜帕恰斯。他按照古巴比伦人的做法，将圆周分为 360 等份（即圆周的弧度为 360°，与现代的弧度制不同）。对于给定的弧度，他给出了对应的弦的长度数值，这个记法和现代的正弦函数是等价的。古希腊三角学与其天文学的应用在埃及的托勒密时代达到了高峰，托勒密在《数学汇编》（*Syntaxis Mathematica*）中计算了 36° 角和 72° 角的正弦值，还给出了计算和角公式和半角公式的方法。托勒密还给出了 0°~180° 的所有整数和半整数弧度对应的正弦值。

时钟是人们日常生活中最常见的也是必不可少的东西，时钟的时针、分针和秒针都会根据时间不停转动，指示时间。大家有没有想过用 Python 来画一个实时动态的时钟呢？下面学习如何使用简单的代码实现一个动态时钟。

7.1 问题情境

时钟有多种样式，但是所有的时钟都会有时针、分针和秒针 3 个指示时间的指针。在 Python 中可以通过 datetime 模块来获取当天的当前时间，并且让时钟实时更新当前最新的时间。同时根据当前的时间设置时钟的指针按照要求旋转，在旋转的过程中旋转的角度就需要通过三角函数来计算。

正弦函数和余弦函数是用来计算直角三角形直角边与斜边关系的函数。在 Python 的 math 模块中包含着两个函数。在 math 模块的三角函数计算中是由弧度来计算它所对应的角度。可以通过 math.degrees( ) 和 math.radians( ) 来进行角度和弧度的转换。

7.2 案例：绘制运动时钟

绘制一个时钟表盘，在表盘上均匀绘制 12 个刻度，并分别绘制时钟的时针、分针和秒针，根据获取到的当前时间，计算出指针旋转的角度，一般要求准确地指示当前时间。

观察一个钟表，很容易就能观察一个时钟是由表盘和时针组成的。

表盘是由刻度组成，一共有 60 个刻度，对应着一个圆的

60个点，每隔4个刻度都会有一个刻度是条短线，每逢5的倍数刻度都会标有小时数（1~12）。

指针有三根，分别为秒针、分针和时针，三根指针长度由短及长。秒针走一圈，分针走一个刻度，分针走一圈，时针走一个刻度。

7.2.1 编程前准备

1. 认识弧度

让一个角从0°~359° 所使用的是角度，但在三角函数中固有的“语言”是弧度，这是由圆的计算方式来决定的。一个圆的圆周可以通过 *C*=[PI]×2×Radius 来计算，其中，[PI]=3.14。

Python math 库提供了许多对浮点数的数学运算函数，math 模块不支持复数运算，若需计算复数，可使用 cmath 模块。

下面一起看看 math 库中所包含的各个函数的含义。

1）数字常数

math.pi # 圆周率 π

math.e # 自然对数底数

math.inf # 正无穷大∞，–math.inf 表示负无穷大 –∞

math.nan # 非浮点数标记，NaN（Not a Number）

2）数值函数

math.fabs(x) # 表示 x 值的绝对值

math.fmod(x,y) # 表示 x/y 的余数，结果为浮点数

math.fsum([x,y,z]) # 对括号内每个元素求和，其值为浮
点数

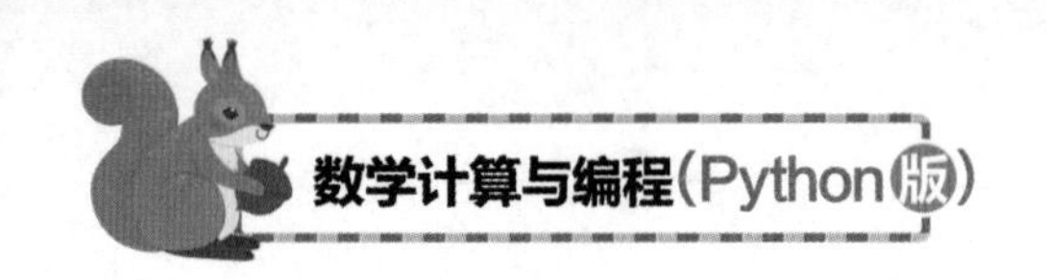

math.ceil(x) # 向上取整，返回不小于 x 的最小整数

math.floor(x) # 向下取整，返回不大于 x 的最大整数

math.factorial(x) # 表示 x 的阶乘，其中，x 值必须为整型，
否则报错

math.gcd(a,b) # 表示 a,b 的最大公约数

math.frexp(x) # x = i *2^j，返回（i，j）

math.ldexp(x,i) # 返回 x*2^i 的运算值，为 math.frexp(x)
# 函数的反运算

math.modf(x) # 表示 x 的小数和整数部分

math.trunc(x) # 表示 x 值的整数部分

math.copysign(x,y) # 表示用数值 y 的正负号，替换 x 值
的正负号

math.isclose(a,b,rel_tol =x,abs_tol = y) # 表示 a，b 的相似
性，真值返回 True，否则返回 False；rel_tol 是相对公差，表示 a，
b 之间允许的最大差值，abs_tol 是最小绝对公差，对比较接
近于 0 有用，abs_tol 必须至少为 0。

math.isfinite(x) # 表示当 x 不为无穷大时，返回 True，否
则返回 False

math.isinf(x) # 当 x 为 ± ∞ 时，返回 True，否则返回
False

math.isnan(x) # 当 x 是 NaN 时，返回 True，否则返回
False

3）三角函数（本章重点会用到）、双曲线函数

math.degrees(x) # 表示弧度值转角度值

math.radians(x) # 表示角度值转弧度值

math.hypot(x,y) # 表示 (x,y) 坐标到原点 (0,0) 的距离

math.sin(x) # 表示 x 的正弦函数值

math.cos(x) # 表示 x 的余弦函数值

math.tan(x) # 表示 x 的正切函数值

math.asin(x) # 表示 x 的反正弦函数值

math.acos(x) # 表示 x 的反余弦函数值

math.atan(x) # 表示 x 的反正切函数值

math.atan2(y,x) # 表示 y/x 的反正切函数值

math.sinh(x) # 表示 x 的双曲正弦函数值

math.cosh(x) # 表示 x 的双曲余弦函数值

math.tanh(x) # 表示 x 的双曲正切函数值

math.asinh(x) # 表示 x 的反双曲正弦函数值

math.acosh(x) # 表示 x 的反双曲余弦函数值

math.atanh(x) # 表示 x 的反双曲正切函数值

4）幂对数函数

math.pow(x,y) # 表示 x 的 y 次幂

math.exp(x) # 表示 e 的 x 次幂

math.expm1(x) # 表示 e 的 x 次幂减 1

math.sqrt(x) # 表示 x 的平方根

math.log（x,base） # 表示 x 的对数值，仅输入 x 值时，

表示 ln(x) 函数

math.log1p(x) # 表示 1+x 的自然对数值

math.log2(x) # 表示以 2 为底的 x 对数值

```
math.log10(x)    # 表示以 10 为底的 x 的对数值
```

2. 用 Pygame 模块绘制圆环

通过 Python 编写程序绘制圆形的方法也很多种，本案例中学习通过 Pygame 模块来绘制圆环。

通过第 5 章绘制抛物线的例子，我们知道 Pygame 有特定的函数 pygame.draw.circle() 用来绘制圆形图形。这个函数有 5 个参数，分别为屏幕、颜色、圆心点坐标、半径和线宽。

可以用正弦函数和余弦函数来遍历一个圆的圆周。要计算圆上任意点的 X 坐标和 Y 坐标，需要通过笛卡儿坐标系来计算，在 Pygame 中原点位于屏幕的左上角。

绘制一个圆环需要首先计算出圆心的位置及圆环的半径，然后可以想象让一个小圆围绕圆心不停地转动，最终绘制出一个圆环。

在数学计算中会应用到通过角度来计算 X 坐标和 Y 坐标：

```
X=math.cos(math.radians(angle))*radius
Y=math.sin(math.radians(angle))*radius
```

3. 绘制表盘刻度

表盘的刻度可以通过绘制线段的方法来绘制，可以分别计算出同一角度不同半径圆上的两个点连接绘制出表盘的刻度线，如图 7-1 所示。

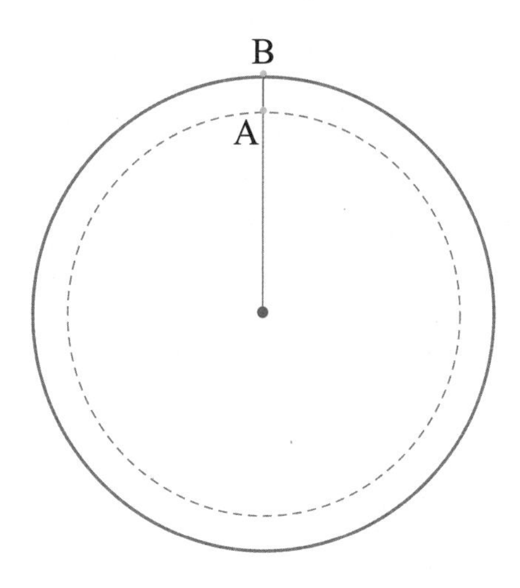

图 7-1　表盘的刻度

由于表盘上用 12 个刻度来代表 12 个小时，每两个刻度需要间隔 30° 角所对的弧度。

4. 获取时间

在 Python 中提供了多个内置模块用于操作日期时间，如 calendar、time、datetime。本章主要用到了 datetime 模块来获取对当前时间的访问，在使用 datetime 模块前需要先导入与日期和时间相关的函数。

datetime 模块是 date 和 time 模块的合集，有两个常量：MAXYEAR 和 MINYEAR，分别是 9999 和 1。

datetime 模块定义了 5 个类，分别如下。

datetime.date：表示日期的类。

datetime.datetime：表示日期时间的类。

datetime.time：表示时间的类。

datetime.timedelta：表示时间间隔，即两个时间点的间隔。

datetime.tzinfo：时区的相关信息。

1）datetime.date 类

datetime.date(year,month,day)，返回 year-month-day。

方法如下。

datetime.date.ctime()：返回格式如 Sun Apr 16 00:00:00 2017。

datetime.date.fromtimestamp(timestamp)：根据给定的时间戳，返回一个 date 对象；datetime.date.today() 作用相同。

datetime.date.isocalendar()：返回格式如（year，month，day）的元组。

datetime.date.isoformat()：返回格式如 YYYY-MM-DD。

datetime.date.isoweekday()：返回给定日期的星期（0~6），星期一 =0，星期日 =6。

datetime.date.replace(year,month,day)：替换给定日期，但不改变原日期。

datetime.date.strftime(format)：把日期时间按照给定的 format 进行格式化。

datetime.date.timetuple()：返回日期对应的 time.struct_time 对象。

time.struct_time(tm_year=2017, tm_mon=4, tm_mday=15, tm_hour=0, tm_min=0, tm_sec=0, tm_wday=5, tm_yday=105, tm_isdst=-1)。

datetime.date.weekday()：返回日期的星期。

Python 中时间日期格式化符号如下。

%y：两位数的年份表示（00~99）。

%Y：四位数的年份表示（000~9999）。

%m：月份（01~12）。

%d：月内中的一天（0~31）。

%H：24h 制小时数（0~23）。

%I：12h 制小时数（01~12）。

%M：分钟数（00=59）。

%S：秒（00~59）。

%a：本地简化星期名称。

%A：本地完整星期名称。

%b：本地简化的月份名称。

%B：本地完整的月份名称。

%c：本地相应的日期表示和时间表示。

%j：年内的一天（001~366）。

%p：本地 A.M. 或 P.M. 的等价符。

%U：一年中的星期数（00~53），星期天为星期的开始。

%w：星期（0~6），星期天为星期的开始。

%W：一年中的星期数（00~53），星期一为星期的开始。

%x：本地相应的日期表示。

%X：本地相应的时间表示。

%Z：当前时区的名称。

%%：% 号本身。

2）datetime 的 time 类

datetime.time(hour,minute,second,microsecond,tzoninfo)，返回格式如 08:29:30。

方法如下。

datetime.time.replace()：用给定的参数替换 time 对象的内容。

datetime.time.strftime(format)：按照 format 格式返回时间。

datetime.time.tzname()：返回时区名字。

datetime.time.utcoffset()：返回时区的时间偏移量。

3）datetime 的 datetime 类

datetime(year, month, day[, hour[, minute[, second[, microsecond[,tzinfo]]]]])，返回年月日时分秒。

方法如下。

datetime.datetime.ctime()：将获取到的时间转换为表示本地时间的字符串。

datetime.datetime.now().date()：返回当前日期时间的日期部分。

datetime.datetime.now().time()：返回当前日期时间的时间部分。

datetime.datetime.fromtimestamp()：将时间戳转换为标准时间。

datetime.datetime.now()：返回当前系统时间。

datetime.datetime.replace()：用给定的参数替换 datetime 对象的内容。

datetime.datetime.strftime()：由日期格式转化为字符串格式。

例：datetime.datetime.now().strftime('%b-%d-%Y %H:%M:%S') 'Apr-16-2017 21:01:35'

datetime.datetime.strptime(): 由字符串格式转换为日期格式。

例：datetime.datetime.strptime('Apr-16-2017 21:01:35', '%b-%d-%Y %H:%M:%S') 2017-04-16 21:01:35

4）datetime 的 timedelta 类

datetime.datetime.timedelta：用于计算两个日期之间的差值。

7.2.2 算法设计

在程序的开始首先绘制圆环表盘，然后根据实际钟表的刻度需要绘制表盘上的刻度，再次运用时间获取模块获取当前时间，再根据逻辑关系绘制出对应时间的钟表时针、分针和秒针。

如图 7-2 所示为绘制运动时钟的流程图。

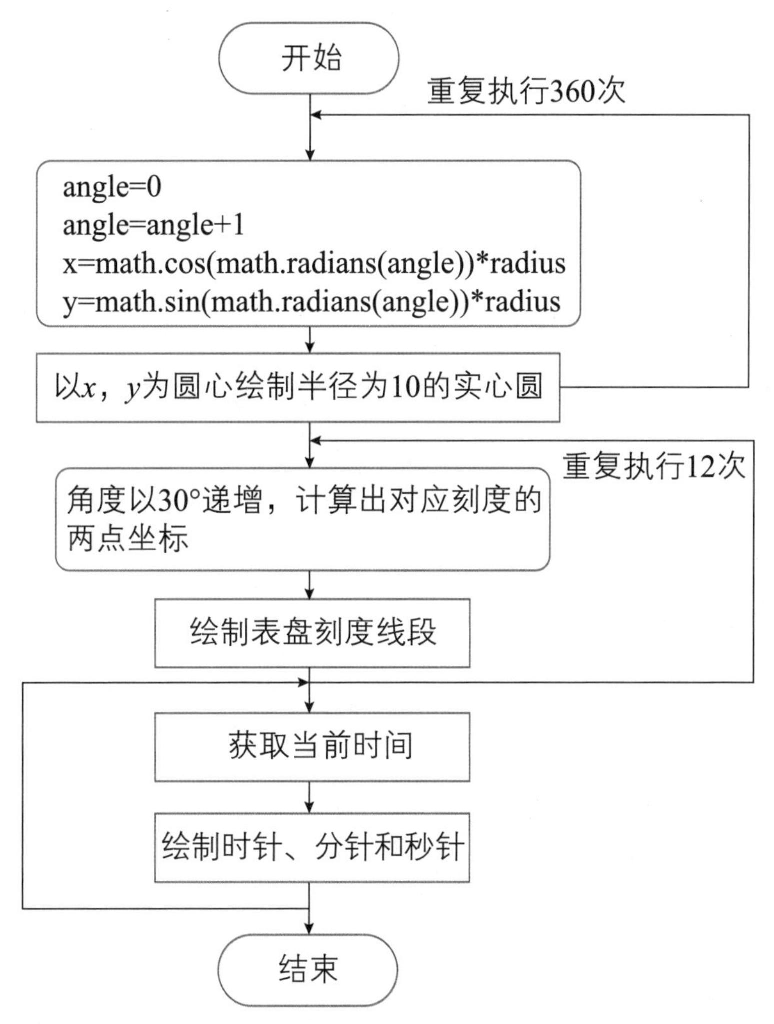

图 7-2　绘制运动时钟的流程图

7.3 编写程序及运行

7.3.1 程序代码

```
# 在动画的开始需要预先导入程序所需库文件
# 导入所需库文件
import  os,random,math,pygame
# 导入所有 pygame.locals 里的变量
from pygame.locals import*
# 导入所有 datetime,date,time
from datetime import datetime,date,time
 # 初始化 pygame
pygame.init()

# 将文字渲染输出打印
def print_text(font,x,y,text,color=(255,255,255)):
     # 绘制文字
    imgText=font.render(text,True,color)
    # 使用 blit 将文字渲染到屏幕上
    screen.blit(imgText,(x,y))

# 绘制时、分、秒针
```

```
def wrap_angle(angle):
    return abs(angle%360)

# 设置字体
font=pygame.font.Font(None,30)
# 设置屏幕，屏幕大小
screen=pygame.display.set_mode((600,500), 0, 32)
# 设置窗口的标题
pygame.display.set_caption('Circle Demo')
screen.fill((0,0,100))
# 设置三种颜色位置
pink=(255,100,100)
orange=(220,80,0)
yellow=(255,255,0)
# 设置圆心
pos_x=300
pos_y=250
# 设置半径
radius=200
angle=360
# 模拟绘制运动时钟
while True:
    # 检测到是否鼠标单击关闭窗口
  for event in pygame.event.get():
      if event.type==pygame.QUIT:
```

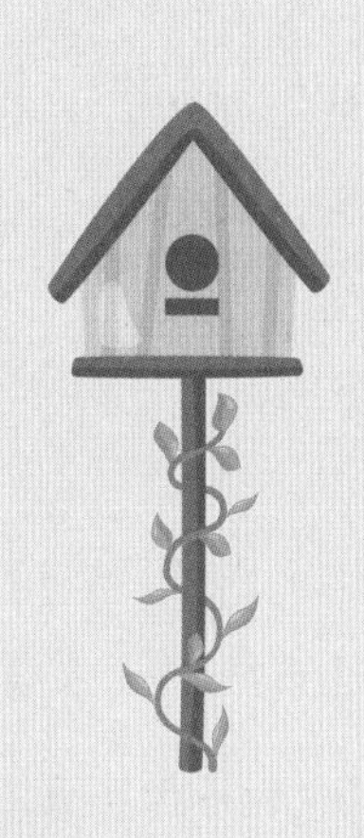

```
            os._exit(0)
    keys=pygame.key.get_pressed()
    # 检测是否按 Esc 键
    if  keys[pygame.K_ESCAPE]:
        os._exit(0)
    screen.fill((0,0,100))
    for i in range(360):
      angle+=1
      if angle>=360:
            angle=0
            r=random.randint(0,255)
            g=random.randint(0,255)
            b=random.randint(0,255)
      color=r,g,b
      # 角度和弧度进行转换，并通过角度来计算 X 坐标和 Y 坐标
      x=math.cos(math.radians(angle))*radius
      y=math.sin(math.radians(angle))*radius
      pos=(int(pos_x+x),int(pos_y+y) )
      # 通过 circle 来绘制圆形，第一个参数和第二个参数是屏幕对象和颜色，
# 之后是圆心和半径，最后一个表示宽度，如果设置为 0，则是一个实心圆
      pygame.draw.circle(screen,color,pos,10,0)
  # 通过循环 1~12，将数字写在对应的位置上
    for n in range(12):
      angle1=30*n
      x1=math.cos(math.radians(angle1))*180
```

```
    y1=math.sin(math.radians(angle1))*180
    x2=math.cos(math.radians(angle1))*200
    y2=math.sin(math.radians(angle1))*200
    x3=math.cos(math.radians(angle1-60))*160
    y3=math.sin(math.radians(angle1-60))*160
    pygame.draw.line(screen,color,(x1+300,y1+250),(x2+300,
y2+250),3)
    print_text(font,(x3+300-10),(y3+250-10),str(n+1))

#通过时间计算出对应的角度，然后从圆心到指定位置画时针

  #绘制时针
  #获取当前时间的小时数
  hours=datetime.today().hour%12
  hour_angle=wrap_angle(hours*30-90)
  hour_x=math.cos(math.radians(hour_angle))*120
  hour_y=math.sin(math.radians(hour_angle))*120
  pygame.draw.line(screen,pink,(pos_x,pos_y),(300+hour_x,
250+hour_y),25)

  #绘制分针
  #获取当前时间的分钟数
  minutes=datetime.today().minute%60
  min_angle=wrap_angle(minutes*30-90)
  min_x=math.cos(math.radians(min_angle))*140
```

```
   min_y=math.sin(math.radians(min_angle))*140
   pygame.draw.line(screen,orange,(pos_x,pos_y),(300+min_
x,250+min_y),12)
  # 绘制秒针
  # 获取当前时间的秒钟数
  seconds=datetime.today().second%60
  sec_angle=wrap_angle(seconds*30-90)
  sec_x=math.cos(math.radians(sec_angle))*160
  sec_y=math.sin(math.radians(sec_angle))*160
  pygame.draw.line(screen,yellow,(pos_x,pos_y),(300+sec_x,
250+sec_y),12)
  pygame.display.update()
```

7.3.2 运行程序

代码运行后，出现如图 7-3 所示“运动时钟”示意图，单击右上角“关闭”按钮关闭窗口或按 Esc 键退出界面。

图 7-3 程序运行截图

拓展训练

请你编写一个程序模拟绘制出太阳、地球、月球三者的运动关系，其中，地球围绕着太阳逆时针旋转，月球围绕着地球逆时针旋转。

小 结

1. 学习使用 Python math 库中三角函数计算模块。

2. 了解时间获取模块 datetime 的获取方法。

3. 学会使用三角函数公式计算圆周上任意点的 X 坐标和 Y 坐标。

4. 理解三角函数在数学中的重要作用。

第8章 函数与曲线

数学函数是指两个或多个变量之间存在一定的依赖关系，当某个变量变化时，与它相对应的其他变量也会发生变化。这种关系常常会有一些潜在的规律，可以用含有数学关系的式子来描述它，如 $y=ax+b,y=\sin(x)$ 等，这种方法叫作解析式法，可以简明、准确、清楚地表示变量之间的关系。不过，解析式不够直观，而且在实际问题中有的函数关系也不一定能用表达式表示出来，所以人们还常常利用坐标系将函数关系绘制成图形，许多函数图形非常奇妙，能够形成很多美丽的图案，例如，著名的笛卡儿心形曲线（见图8-1）、科赫雪花曲线（见图8-2）、二叉分形树（见图8-3）、玫瑰曲线（见图8-4）等。

图8-1 笛卡儿心形曲线

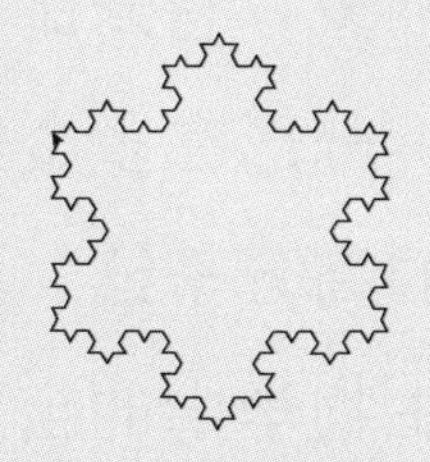

图8-2 科赫雪花曲线

图8-3 二叉分形树

图8-4 玫瑰曲线

8.1 问题情境

你一定见过美丽的雪花，但是你仔细观察过雪花的形状吗（见图 8-5）？仔细观察，你会发现雪花的结构具有自相似性，这种几何形体也被称为分形结构。从整体上看，分形处处不规则，但是从近距离观察，分形的局部形状和整体形态相似。

图 8-5　雪花

美丽的分形是大自然景物的抽象，它无比丰富的细节、绚丽多彩的结构常令人们流连忘返。分形在多个领域有着广泛的应用，如物理中的湍流、化学中的高分子链、天文学中的星团分布、地理学中的河流与水系、生物学中的全息现象……如何更加简单地通过数学来了解分形呢？让我们一起来探究美丽分形背后的数学规律。

8.2 案例：绘制科赫雪花曲线

在数学上，可以通过“分形”近似得到雪花的形状。雪花曲线就是一个分形的例子。科赫雪花曲线是从一个等边三角形开始，把它的各边分成相等的三段，再在各边中间一段上向外画出一个小等边三角形，形成六角星图形；然后在六角星各边上，用同样的方法向外画出更小的等边三角形，形成一个有 18 个尖角的图形；如果在其各边上，再用同样的方法向外画出更小的等边三角形，如此继续下去，图形的轮廓就能形成分支越来越多的曲线，反复进行这一过程，就会得到一个“雪花”样子的曲线。这就是瑞典数学家科赫于 1904 年提出的著名的“雪花曲线”，也被称作科赫雪花曲线。反复进行这一作图过程，得到的曲线会越来越精细，如图 8-6 所示。

图 8-6　科赫雪花形成过程

8.2.1 编程前准备

你能用 Python 编写程序绘制出科赫雪花吗？

科赫雪花是一种分形几何，可以利用程序设计中递归的思想来实现。下面先来了解一下什么是递归。

递归就是子程序（或函数）直接调用自己或通过一系列调用语句间接调用自己，是一种描述问题和解决问题的基本方法。递归常与分治思想同时使用，能产生许多高效的算法。递归常用来解决结构相似的问题。结构相似，是指构成原问题的子问题与原问题在结构上相似，可以用类似的方法解决。具体地，整个问题的解决可以分为两部分：第一部分是一些特殊情况，有直接的解法；第二部分与原问题相似，但比原问题的规模小，并且依赖第一部分的结果。实际上，递归是把一个不能或不好解决的大问题转换成一个或几个小问题，再把这些小问题进一步分解成更小的小问题，直至每个小问题都可以直接解决。因此，递归有以下两个基本要素。

（1）边界条件：确定递归到何时终止，也称为递归出口。

（2）递归模式：大问题是如何分解为小问题的，也称为递归体。

许多复杂的问题利用递归的思想都可以轻松化解，如斐波那契数列、汉诺塔问题、科赫雪花绘制等。图案在绘制时会使用到 Python 的绘图标准库 turtle 库，具体的使用方法在第 2 章已有相应的介绍。

8.2.2 算法设计

科赫雪花曲线是一个分形图，它的局部与整体相似，每个部分都是由整体分划而来。科赫雪花曲线可以设置不同的层级，层级越高所绘制出的曲线越精细。这种在局部重复相同工作的

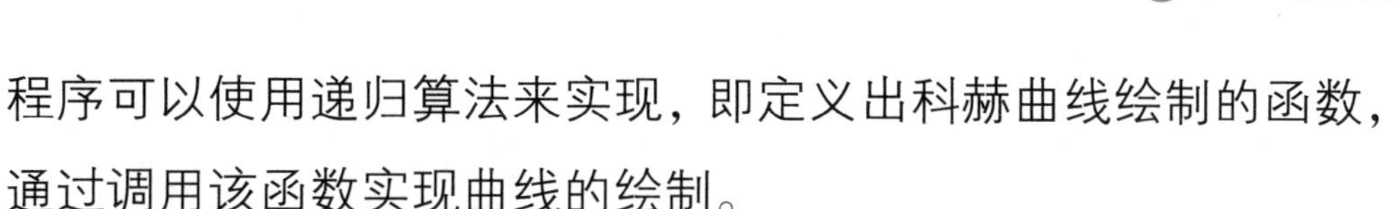

程序可以使用递归算法来实现，即定义出科赫曲线绘制的函数，通过调用该函数实现曲线的绘制。

可以先仅关注雪花的一条边（科赫曲线）的绘制步骤，最简单的情况是直接绘制一条线段，没有任何改变，即0阶的科赫曲线。在此基础上，进行一次分割，方法如下。

步骤1　给定线段。

步骤2　将线段分成三等份（分割点为 s,t）。

步骤3　以 st 为底，向外画一个等边三角形。

步骤4　将线段 st 移去。

通过以上步骤，则生成了一级的科赫曲线，对每条线段再重复上述步骤，科赫曲线的级数逐渐增加，雪花的样子也变得越来越精细，如图8-7所示。

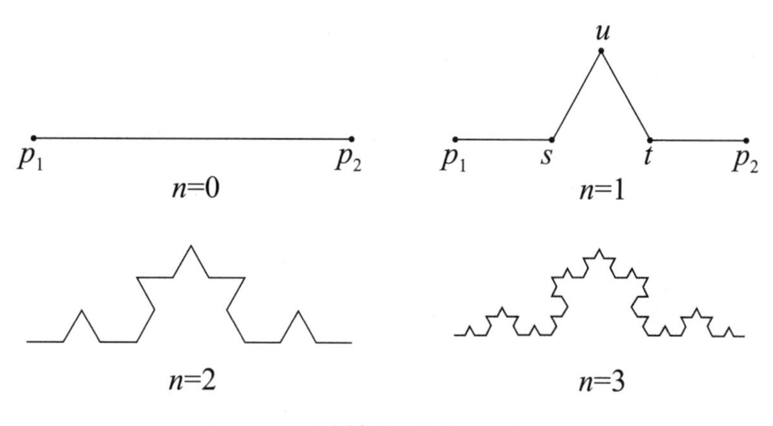

图8-7　科赫曲线绘制分析图

掌握了科赫曲线的绘制方法后，科赫雪花就很容易了，它可以看作3条这样的科赫曲线首尾相连组合在一起。

8.3 编写程序及运行

8.3.1 程序代码

```
# 导入 turtle 绘图库
import turtle
# 定义递归函数
def coch(size,n):
    # 递归出口，画一条一阶直线
    if n==0:
        turtle.fd(size)
    else:
        # 每一层递归都遍历这四个角度
        for angle in [0,60,-120,60]:
            turtle.left(angle)
            # 再次调用 coch 函数
            coch(size/3,n-1)

# 定义主函数
def main(a):
    # 设置雪花颜色
    turtle.color("blue")
```

```
    # 设置画布大小
    turtle.setup(600,600)
    # 抬笔，此时移动不会留下轨迹
    turtle.penup()
    # 设置画笔宽度
    turtle.pensize(4)
    turtle.goto(-200,100)
    # 落笔，此时移动会留下轨迹
    turtle.pendown()
    # 调用递归函数 coch
    coch(400,a)
    turtle.right(120)
    coch(400,a)
    turtle.right(120)
    coch(400,a)
    # 隐藏海龟
    turtle.hideturtle()

# 设置科赫雪花的级数
a=int(turtle.numinput(" 请输入要绘制的雪花曲线的级数 "," 级数 "))
# 调用主函数
main(a)
```

8.3.2 运行程序

曲线绘制级数输入对话框如图 8-8 所示。

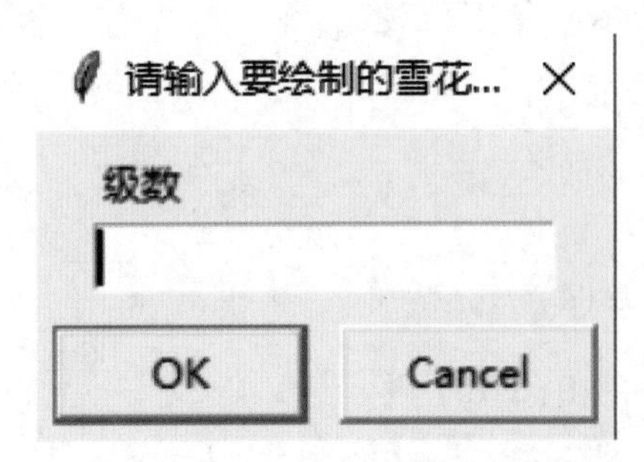

图 8-8 曲线绘制级数输入对话框

二级和四级科赫雪花绘制如图 8-9 和图 8-10 所示。

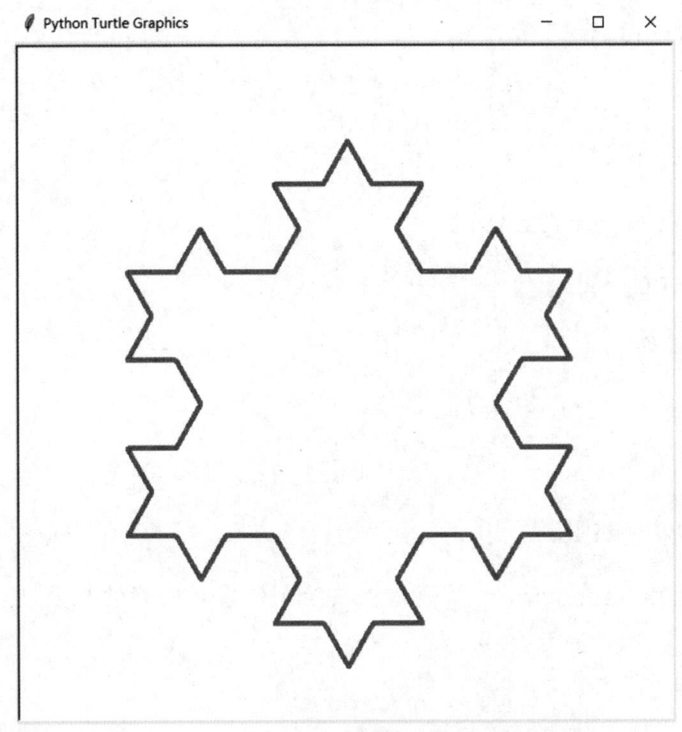

图 8-9 二级科赫雪花曲线绘制图

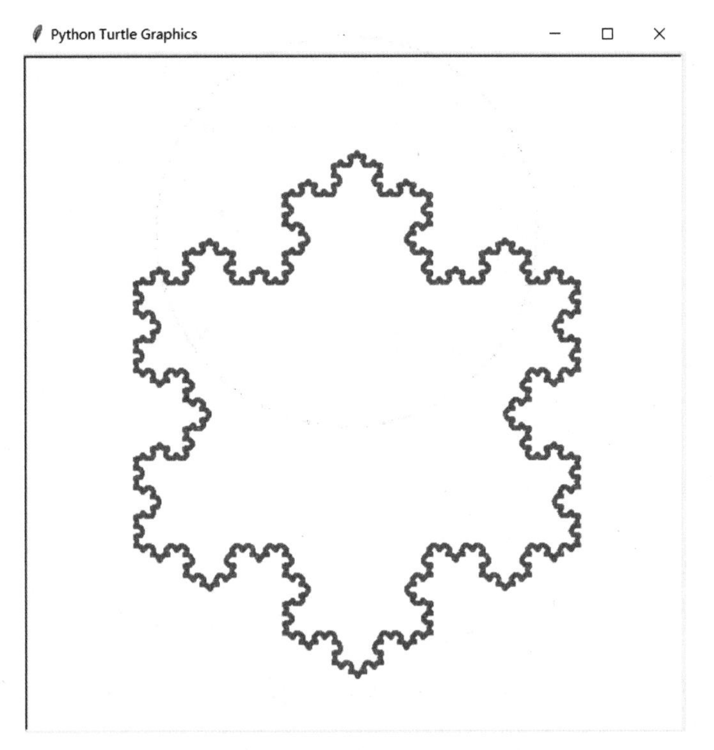

图 8-10　四级科赫雪花曲线绘制图

拓展训练

【思考】

科赫雪花的奥妙不仅在于它的自相似性，我们作出初始三角形的外接圆（见图 8-11），可以发现雪花曲线永远不会超出这个圆，也就是说，雪花曲线围成的面积是有限的，如果再告诉你，雪花曲线的周长是无限长的，也就是说，用一个无限长的图形围成一个有限的面积，是不是有点难以置信？

你能尝试用数学知识来证明这个结论吗？

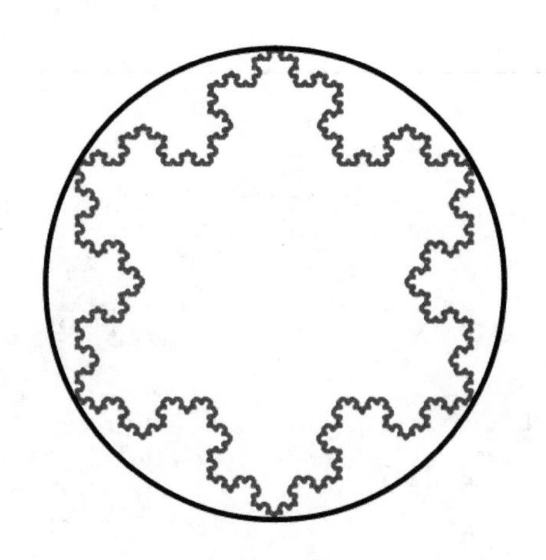

图 8-11　科赫雪花和外接圆

【实践】

请你尝试利用递归算法绘制一个二叉分形树，分形树的顶部要求绘制为绿色，其他树杈绘制为棕色。效果如图 8-12 所示。

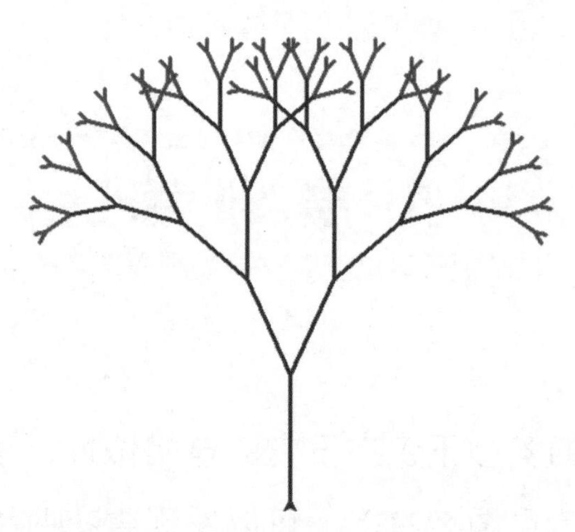

图 8-12　二叉分形树效果示意图

参考代码：

```
## 绘制分形树，末梢的树枝颜色不同
# 导入 turtle 绘图库
import turtle
```

```
# 定义绘制树杈的函数
def draw_brach(brach_length):
  if brach_length > 5:
    if brach_length < 40:
      turtle.color('green')
    else:
      turtle.color('brown')

    # 绘制右侧的树枝
    turtle.forward(brach_length)
    turtle.right(25)
    draw_brach(brach_length-15)

    # 绘制左侧的树枝
    turtle.left(50)
    draw_brach(brach_length-15)
    if brach_length < 40:
      turtle.color('green')
    else:
      turtle.color('brown')

    # 返回之前的树枝
    turtle.right(25)
    turtle.backward(brach_length)
```

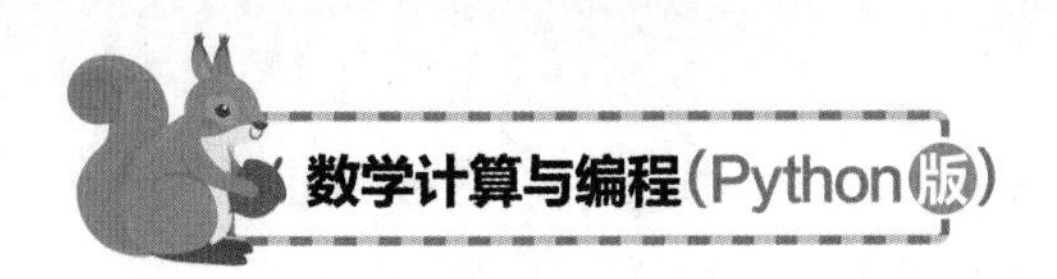

```
# 定义主函数
def main():
  # 设置画笔宽度
  turtle.pensize(3)
  # 设置画笔移动速度
  turtle.speed(20)
  # 左转 90°，使树枝方向整体向上
  turtle.left(90)
  # 抬笔，并让画笔移动到画布靠下方
  turtle.penup()
  turtle.backward(150)
  # 落笔
  turtle.pendown()
  turtle.color('brown')
  # 调用 draw_brach 函数，初始树枝长度设为 100
  draw_brach(100)

main()
```

小　　结

绘制函数曲线是表达变量之间依赖关系的一种直观的方法，许多函数图形非常奇妙。本章中我们了解了一种美丽的几

何形体——分形结构，并共同探究了分形结构的规律特点和绘制方法，在此过程中学习了递归算法的思想原理和实现方法。不管结构是具有自相似性的图形，还是可以分解为多个子问题的任务，都可以利用递归的思想来解决，将复杂问题简单化，分而治之。在编程实现的过程中，使用了 turtle 库中的方法来绘制图形。

第9章 数学游戏

9.1 问题情境

数学是一门古老的科学知识，它是人们通过不断地积累、抽象，总结出的数量关系与空间形式规律的科学知识。

在数学发展史上流传下来许多经典的数学问题，先人创造了许多巧妙的方法求解数学问题，形成了许多经典的数学论著，如《九章算术》《孙子算经》《张丘建算经》等。在这些著作中，先人们总结出来许多方法来求解生活中的问题，如韩信点兵问题、鸡兔同笼问题、百钱买百鸡问题等，这些都需要我们运用数学知识巧妙地解决看似无从下手的复杂问题，它们都是人类智慧的结晶。今天信息社会快速发展，许多问题的计算都依赖计算机程序完成，计算机计算的优势是它的计算速度，可以在短时间内完成大量计算。通过程序解决问题往往与我们平时在数学中使用的方法不尽相同，在程序中需要总结出更易程序操作的规律，并以代码的形式表现出来，如解析算法、枚举法等。

9.2 案　例

案例 1：解析算法——报数游戏

报数游戏是一个经典的数学问题，通过巧妙的数学计算能够轻松战胜对手获得游戏最终的胜利。其规则是游戏前两人事

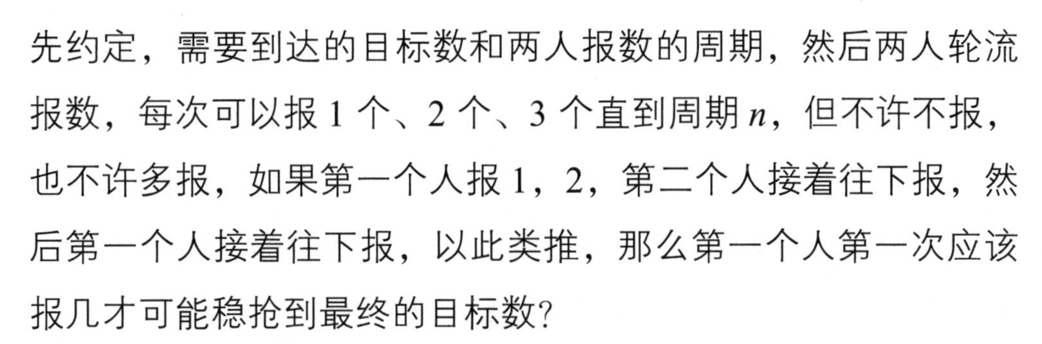

先约定，需要到达的目标数和两人报数的周期，然后两人轮流报数，每次可以报 1 个、2 个、3 个直到周期 n，但不许不报，也不许多报，如果第一个人报 1，2，第二个人接着往下报，然后第一个人接着往下报，以此类推，那么第一个人第一次应该报几才可能稳抢到最终的目标数？

案例 2：枚举算法——奖品购买方案

奖品购买方案是由经典的古代数学百钱买百鸡问题延伸而来的一系列解决购物方案的问题，百钱买百鸡问题是古代数学史上一个著名的问题，出自《张丘建算经》，书中是这样描述的：“今有鸡翁一，值钱五；鸡母一，值钱三；鸡雏三，值钱一，凡百钱买鸡百只，问鸡翁、母、雏各几何？”题意大致是：公鸡 5 文钱 1 只，母鸡 3 文钱 1 只，小鸡 1 文钱 3 只，100 文钱买了 100 只鸡，请问公鸡、母鸡和小鸡各买了多少只？在这个案例中仅能够计算出 100 文钱购买 100 只鸡的方案，如果将它演变到我们的奖品购买方案问题时，可以根据需要输入购买奖品的总金额 m_1 和购买奖品的总数量 m_2，同时输入 3 种奖品的名称和单价，最终通过程序运算得出合理的购物方案，并打印出购物方案。

9.2.1 编程前准备

1. 解析算法——运用解析方法，发现数量关系

解析算法是指用数学公式描述事物之间的规律，用解析的方法找出表示问题的前提条件与结果之间关系的数学表达式，并通过表达式的计算来实现问题的求解。

数学问题的抽象往往从先从解决简单的问题入手，逐渐发现规律、总结经验最后形成模型。

案例1中要解决复杂的报数问题也可从简单数据开始入手。例如，设置目标数为30，每人每次最多数3个数。假设第一个人报1，2，第二个人接着可以报3或者3，4或者3，4，5，以此类推。

假设我是其中一个游戏玩家，且我想要获得游戏胜利。如果数到30就赢，且每次只能数1~3个数，那我只需要数到26就可以获得游戏胜利。当我数到26，此时对方加上1~3中的任何一个数都到不了30，反而只需要等对方数完后我再走一步就到30了，比如对方数2，就到28，我再数个2就到30，对方数3，我数1就到30……

怎样才能走到26呢？想一想，首先观察一下每次报的数：1，2，3，这三个数能不能两两组合成一个固定的数，我们发现，1+3=4，2+2=4，所以这个固定的组合数就是4。

由此得以下方案。

（1）目标数30减去“最多数三个数”中的3，再减1得26。

（2）如果26能被组合数4整除，则只需要对方先出，然后我每次出一个和对方相加和为4的数即可，最后我一定能数到30。

（3）很明显此处的26不能被组合数4整除，所以，走第一步时一定要掌握主动权，将26钝化为可以被4整除的数，即26减去我第一步走的数后需要能被4整除。所以我要走第一步，且必须数2。26–2=24，得到的24能被4整除，接下来只需要等对方出（随便出 1~3 中哪个数），我只需要出一个和对方数字相加为 4 的数即可胜利！

答案：我先数，数 2；接下来我只需要数一个和对方相加为 4 的数即可我赢。

有了解决目标数为 30 的解决方案，我们现在将这个规律进行拓展应用。如设置目标数为 1024，每人每次最多数 5 个数。根据第一阶段的解决方案，如想达到目标数 1024，且每次最多数 5 个数，我只要数到 1024–5–1=1018 就可以得到最后的胜利。组合数为 6：1 和 5，2 和 4，3 和 3。但是我们发现 1018 并不能整除 6，6×169=1014，所有需要在游戏一开始给出初始值 4，接下来就可以等对方报数，然后我再报一个与对方的数和为 6 的数就可以获得胜利了。

2. 枚举算法——确定枚举范围，抽象判定条件

枚举算法是程序设计中另一种解决问题的方法，它的思路是不去考虑复杂的数量关系，而是找到问题可能解的最小范围，在最小范围内逐一枚举出可能的所有解，然后判定每一个解是否符合要求，保留符合要求的解。

以百钱买百鸡问题为例分析，有 100 文钱要买 100 只鸡，鸡的种类分别为公鸡、母鸡和小鸡。其中，公鸡价格最高 5 文钱 1 只，母鸡为 3 文钱 1 只，小鸡 1 文钱 3 只。这样就会发现如果 100 文钱都买公鸡可以买到 20 只公鸡，如果都买母鸡可以买到 33 只，如果都买小鸡则可以买到 300 只，这样为了减少枚举的次数就可以选择公鸡数和母鸡数作为枚举的变量，从公鸡数为 0 只，母鸡数为 0 只开始尝试，每得到一个解，就判

断买鸡的钱数是不是 100 文，如果是 100 文即为真解，否则继续枚举下一个解。

将这个求解的方式延伸至为我们提供奖品购买方案问题，首先需要确定想要采购物品的总金额，需要输入购买奖品的总数、每种物品的名称和价格。

通过枚举算法的思路，要将购买物品的价格进行逆序排列，将物品按照价格降幂排列，同时将物品名称也进行关联排序。计算出枚举的最小范围，枚举物品的数量，判断是否符合购买奖品需求，当满足需求时将合理购物方案打印输出。

案例 1：报数游戏

首先，游戏需要输入给定的目标数和每次报数的最大值，然后根据计算得出我应该给出的初始值，模拟两个玩家交替报数的效果，最后当游戏达到目标数时宣布游戏胜利，结束程序执行，程序流程图如图 9-1 所示。

案例 2：购物问题

假设我们要用 m1 元钱购买 m2 份奖品，输入想要采购的 3 种奖品的名称和单价，并把姓名和单价分别存入列表 list_name 和 list_price。使用冒泡排序的方式将 list_price 中的列表项进行降幂排列，同时将 list_name 中的内容进行关联排序。设置列表 list_name 中的第 1 项的数量为 x=0，设置 list_name 第 2 项的数量为 y，list_name 第 3 项的数量为 z，首先将 x 设置为 0，y 也设置为 0，开始进行循环，每次根据第 1 种奖品的数量和第 2 种奖

品的数量计算出第 3 种奖品的数量，并计算出购买这些奖品所用的钱数，当所用钱数等于 m1 时，将获得一个合理解方案并打印输出，直达找到所有可能方案，程序流程图如图 9-2 所示。

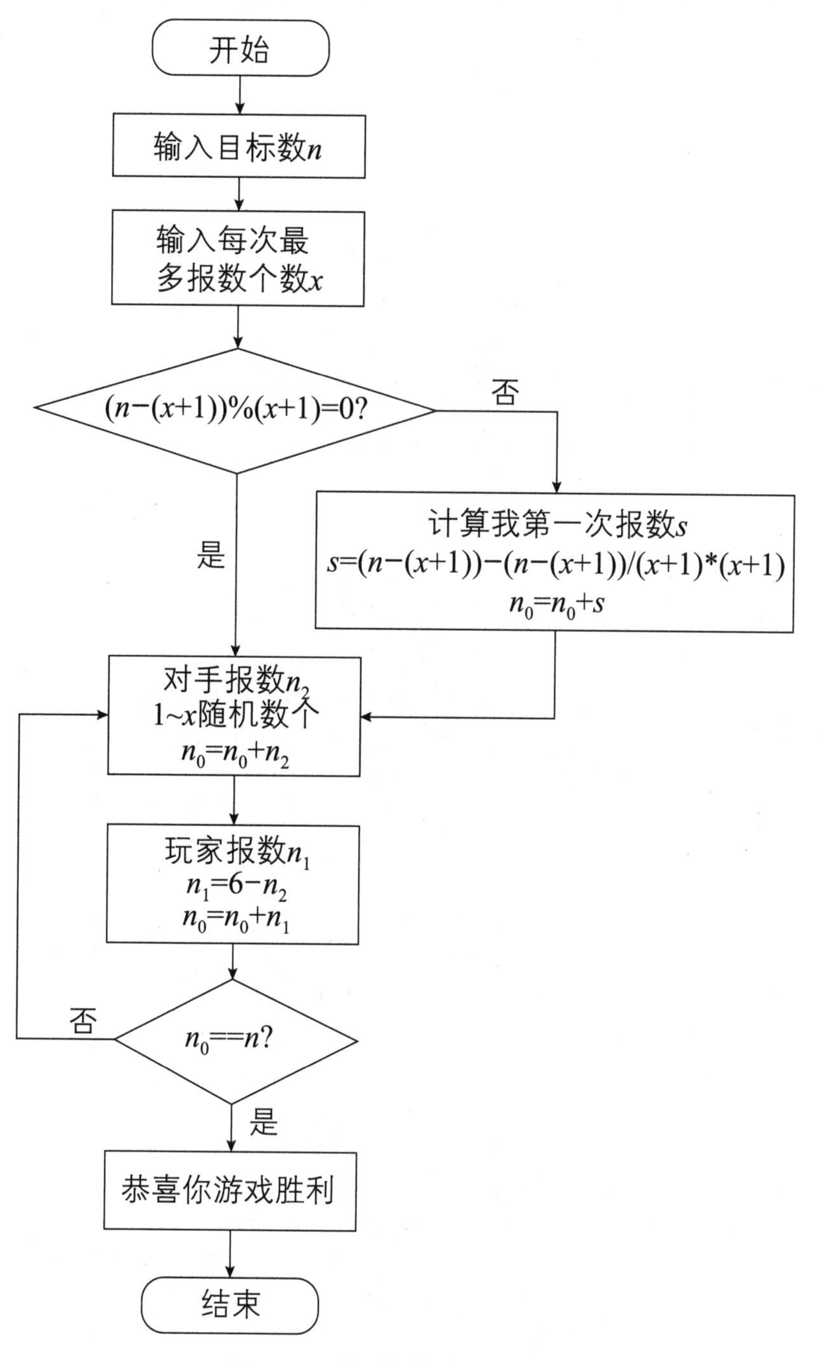

图 9-1　报数游戏程序流程图

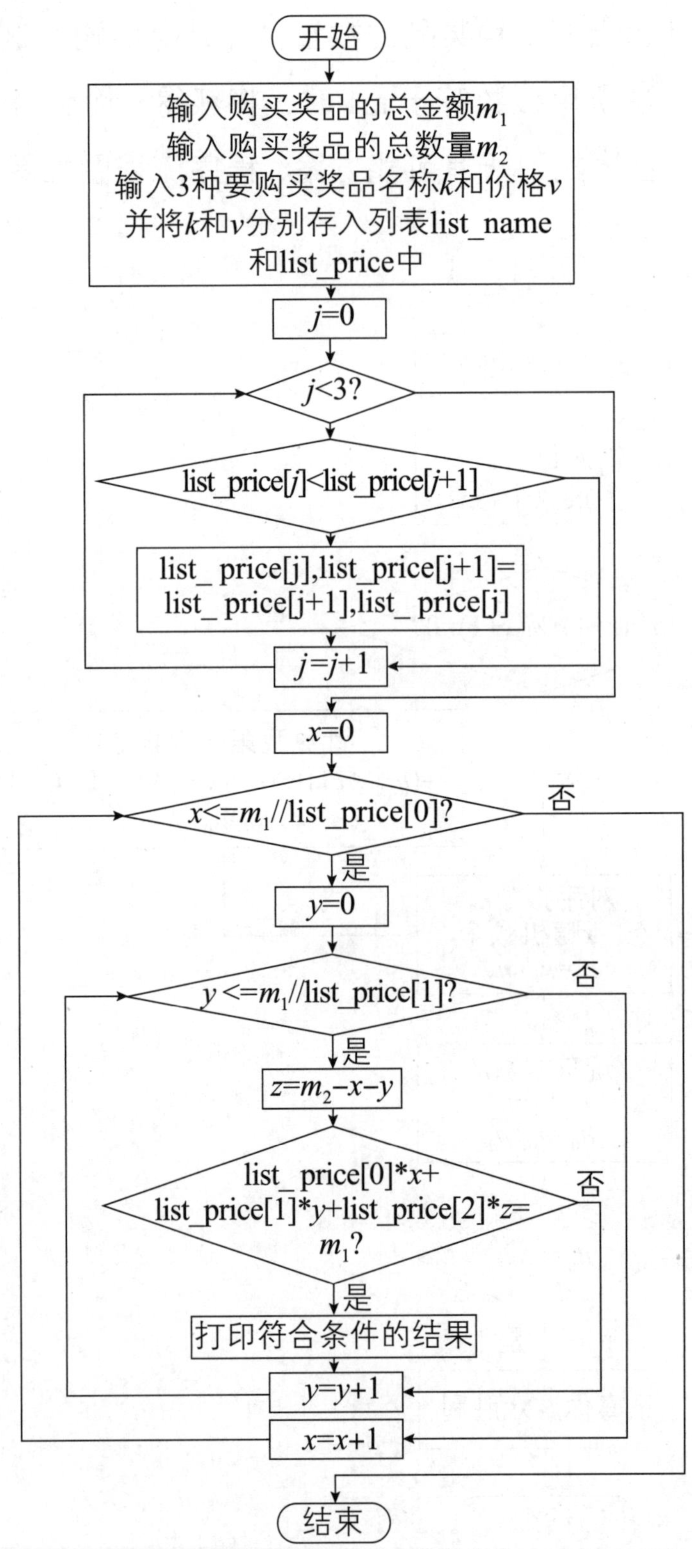

图 9-2　购物问题程序流程图

9.3 编写程序及运行

9.3.1 程序代码

```
1. 报数游戏
import easygui as g
import random
# 设定目标数 n
n=int(g.enterbox(msg=' 请输入目标数 ',title=' 报数游戏 '))
print(' 目标数为: ',n)
# 设定最大报数个数 x
x=int(g.enterbox(msg=' 请输入最大报数个数 ',title=' 报数游戏 '))
print(' 最大报数个数为: ',x)
i=int(n-(x+1))   # 计算最近获胜数
n0=1
# 判断由谁开始，能够整除由对方开始，不能整除由玩家开始
if i%(x+1)==0:
    # 模拟对手随机报出 1~x 个数
     n2=random.randint(1,x)
     print(' 对手出 :',end='')
     # 从第一个数开始依次向后报数，直到达到 n2 个数
     for j in range(n0,n0+n2):
```

```
            print(j,end=',')
        #保存报数的最后一个数，作为下一次报数的开始
        n0=n0+n2
else:
        #通过计算得出玩家能够最终获得胜利需要第一次报数的个数
        n1=i-((i//(x+1))*(x+1))
        print('玩家出:',end='')
        #通过循环依次报出n1个数
        for j in range(n0,n0+n1):
            print(j,end=',')
        #保存报数的最后一个数，作为下一次报数的开始
        n0=n0+n1
        print('')
        n2=random.randint(1,x)
        print('对手出:',end='')
        for j in range(n0,n0+n2):
            print(j,end=',')
        n0=n0+n2
        print('')
#开始循环报数，直到到达目标数
while n0<n:
        #计算玩家此次报数个数
        n1=x+1-n2
        print('玩家出:',end='')
            for j in range(n0,n0+n1):
```

```
            print(j,end=',')
        #保留本次报数的最后一个数
        n0=n0+n1
        print('')
        if n0>=n:    #判断到达目标数跳出循环
            Break
        #计算对手报数的个数
        n2=random.randint(1,x)
        print('对手出：',end='')
        for j in range(n0,n0+n2):
            print(j,end=',')
        n0=n0+n2
        print('')
        print('恭喜你获得胜利！')#跳出循环，游戏结束
```

2.购买奖品问题

```
#输入购买奖品的总价和数量
m1=int(input("请输入用于购买奖品的总金额："))
m2=int(input("请输入要购买的奖品数量："))
#创建列表存储采购物品的名称和单价
list_name=[]
list_price=[]
n=1
#输入物品的名称和单价并存储入对应列表
for i in range(3):
    k=input("请输入第"+str(n)+"个物品的名称：")
```

```
        lista.append(k)
        v=int(input("请输入第"+str(n)+"个物品的价格:"))
        listb.append(v)
        n=n+1
#奖品价格列表和奖品名称列表进行关联排序将奖品按照价格由高到低反向排序
for i in range(3):
    for j in range(0,3-i-1):
        if listb[j]<listb[j+1]:
            #交换列表项的内容
              listb[j],listb[j+1]=listb[j+1],listb[j]
              lista[j],lista[j+1]=lista[j+1],lista[j]
#枚举查找列出所有可能解
x=0
while x<=m1//listb[0]:
        y=0
        while y<=m1//listb[1]:
        z=m2-x-y
        if  z>=0:
        t=x*listb[0]+y*listb[1]+z*listb[2]
        If  t==m1:
            print(lista[0]+":"+str(x)+";"+lista[1]+":"+str
            (y)+";"+lista[2]+":"+str(z))

         y=y+1
         x=x+1
```

9.3.2 运行程序

1. 报数游戏

（1）输入目标数，如图 9-3 所示。

图 9-3 输入目标数

（2）输入最大报数个数，如图 9-4 所示。

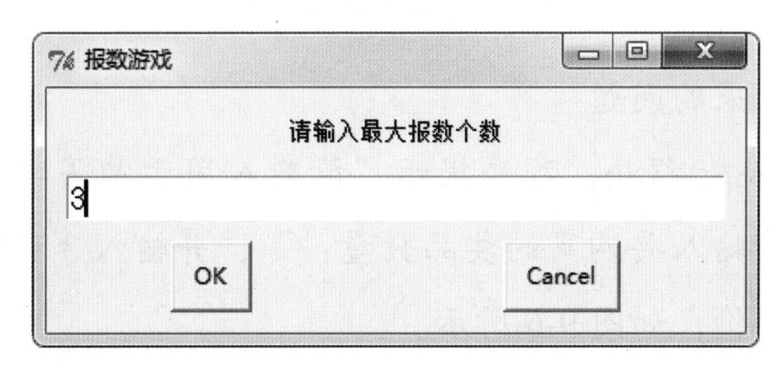

图 9-4 输入最大报数个数

（3）开始运行程序模拟报数游戏过程，如图 9-5 所示。

```
============
>>>
目标数为： 30
最大报数个数为： 3
玩家出:1,2,
对手出:3,4,
玩家出:5,6,
对手出:7,8,9,
玩家出:10,
对手出:11,12,13,
玩家出:14,
对手出:15,16,17,
玩家出:18,
对手出:19,
玩家出:20,21,22,
对手出:23,24,25,
玩家出:26,
对手出:27,
玩家出:28,29,30,
恭喜你获得胜利！
```

图 9-5　模拟报数游戏过程

2. 奖品采购问题

（1）运行程序，程序提示“请输入用于购买奖品的总金额：”“请输入要购买的奖品数量：”，并输入 3 种购买奖品的名称和单价，如图 9-6 所示。

```
>>>
请输入用于购买奖品的总金额：1000
请输入要购买的奖品数量：100
请输入第1个物品的名称：护手霜
请输入第1个物品的价格：5
请输入第2个物品的名称：保温杯
请输入第2个物品的价格：15
请输入第3个物品的名称：纸巾
请输入第3个物品的价格：2
```

图 9-6　输入数据

（2）程序输入结束，程序枚举出所有可能的奖品组合，当计算购买所有奖品需花费的金额等于购买奖品的总金额 m1

时，得到真解，并将结果打印出来，如图 9-7 所示。

```
>>>
请输入用于购买奖品的总金额：1000
请输入要购买的奖品数量：100
请输入第1个物品的名称：护手霜
请输入第1个物品的价格：5
请输入第2个物品的名称：保温杯
请输入第2个物品的价格：15
请输入第3个物品的名称：纸巾
请输入第3个物品的价格：2
保温杯:50;护手霜:50;纸巾:0
保温杯:53;护手霜:37;纸巾:10
保温杯:56;护手霜:24;纸巾:20
保温杯:59;护手霜:11;纸巾:30
```

图 9-7　打印结果

拓展训练

有一对兔子，从出生后第 3 个月起每个月都生一对兔子，小兔子长到第三个月后每个月又生一对兔子，假如兔子都不死，请你设计一个程序，能够根据输入的月份打印出之前每个月兔子的总数。

程序分析：

兔子的规律为数列 1，1，2，3，5，8，13，21，…，也就是这个数等于后两个数之和：$n=(n-1)+(n-2)$。

在日常生活中，人们经常要和各种数据打交道。这些数据可以是我们观察记录下来的，也可以是通过实验或者是计算得出来的。我们可以通过数据来进行科学研究、验证、数学计算、设计等。但是如果收集的数据是杂乱的，那么难以反映其中蕴涵的可用信息，因此需要对数据进行整理，并采用合适的统计图表示数据。统计图表可以方便地查看数据中的差异和趋势，有助于我们更快速、有效地掌握数据的关系以及数据的变化。不同的统计图在表示数据时各有特点，人们可以根据统计图获得重要信息。除此之外，还需要对数据进行分析，以便帮助我们更好地作出判断和处理。

10.1 问题情境

在生活和工作中，我们经常会遇到一些数据。例如，某个超市在 2021 年每个月的销售情况；在奥运赛场上，某场比赛中每个选手的成绩情况；今天一天的温度变化情况；学生每学期单元测验的成绩数据；等等。这些数据如果以文本形式展示，不能彰显出其特点，因此，可以用合适的统计图表示数据，能够让人们一目了然地看到数据的一些特点。

什么是统计图？利用点、线、面、体等绘制的几何图形来表示各种数据间的关系及其变动情况的图称为统计图。生活中的统计图是多种多样的，其中有折线统计图、条形统计图、扇形统计图等。下面介绍这些常用的统计图。

1. 折线统计图

折线统计图是以折线的上升或下降来表示统计数量的增减变化的统计图，它能够清晰地反映一个事物在不同时期的变化情况。人们常用折线统计图来描绘统计事项总体指标的动态、研究对象间的依存关系以及总体中各部分的分配情况等。例如，如图 10-1 所示的是西安 2022 年 1 月 26 日至 2022 年 2 月 9 日最高气温预测折线图。我们能从图中清晰地看到气温的变化情况。

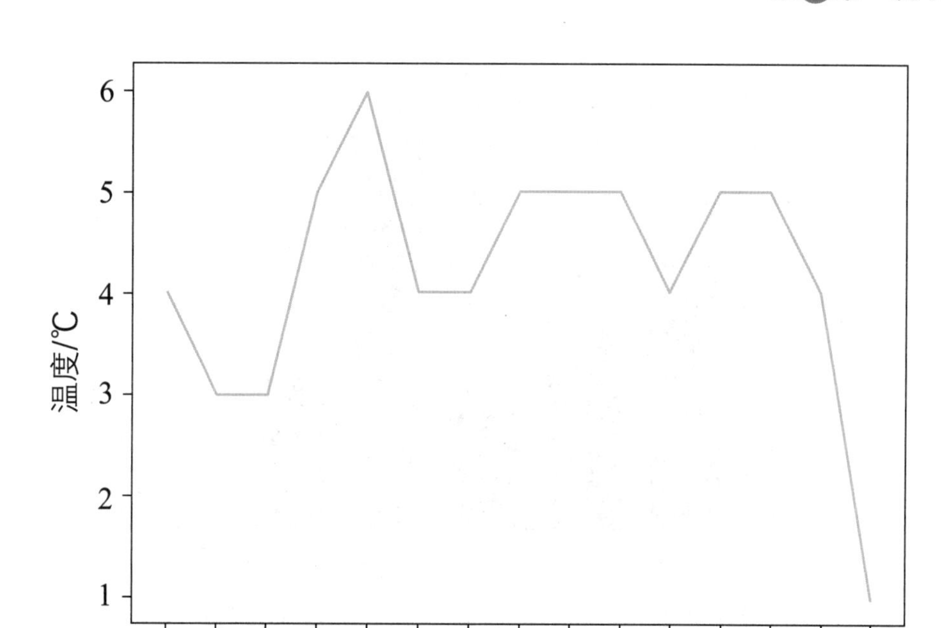

图 10-1 西安最高气温预测折线图

2. 条形统计图

条形统计图是用一个单位长度表示一定的数量，根据数量的多少画成长短不同的直条，然后把这些直条按一定的顺序排列起来。条形统计图可以清晰地反映出每个项目的具体数目及之间的大小关系。条形统计图一般简称条形图，也叫长条图或直条图。例如，如图 10-2 所示的是学生喜欢的球类运动调查结果。我们能从图中清晰地看到不同种类的球类运动喜欢的人数及它们之间的大小差异。

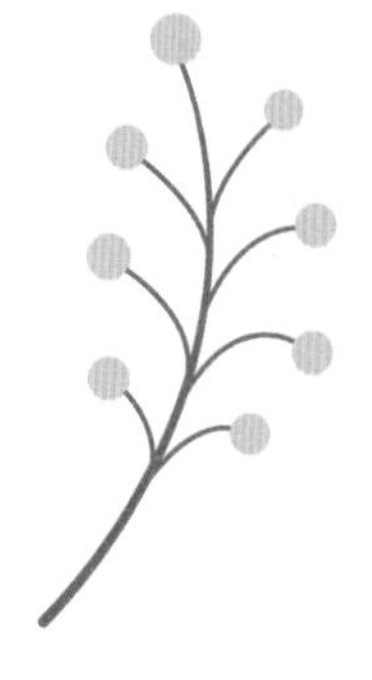

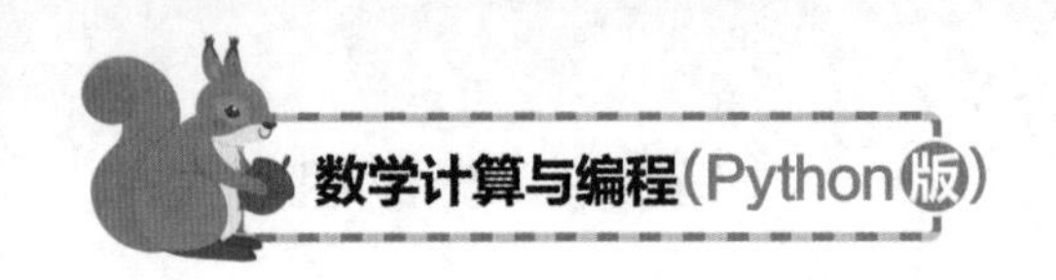

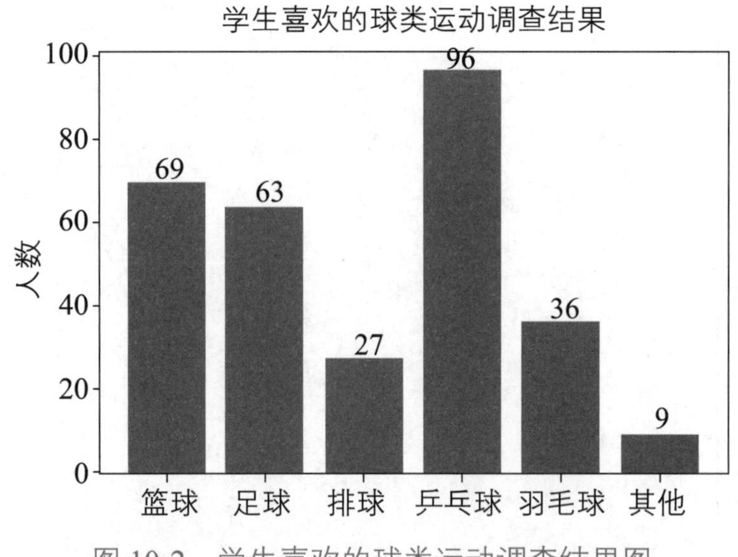

图 10-2　学生喜欢的球类运动调查结果图

3. 扇形统计图

扇形统计图是用整个圆表示总数，用圆内各个扇形的大小表示各部分数量占总数的百分数，每部分占总体的百分比等于该部分所对应的扇形圆心角的度数与 360° 的比。扇形统计图可以清晰地表示各个部分在总体中所占的百分比及各部分之间的大小关系。例如，如图 10-3 所示的某单位职工年龄结构图，我们能清楚地看到各部分的占比以及之间的大小关系。

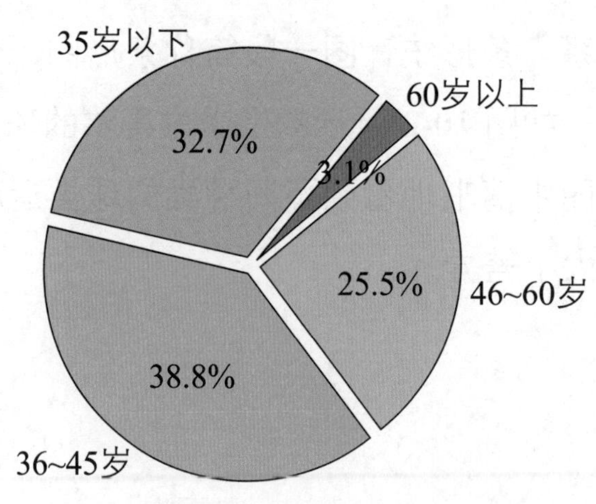

图 10-3　某单位职工年龄结构图

统计图可以清晰有效地表达数据，可以帮助人们做出合理的决策。但是，有时候人们需要从数据中获取更多的信息，例如，现在有某场射击比赛中甲、乙、丙三人的射击成绩数据，那么怎么能从这些数据中看出哪个选手发挥得更稳定呢？类似地，在生活中还会听到“小张的工资水平在他们单位属于中等”“这支队伍的队员比另一支队伍的队员更年轻”……那么人们是如何判断的呢？在数学上，通常借助平均数、中位数、众数、方差来对数据进行分析和刻画。

4. 平均数

在日常生活中，通常会用平均数来描述一组数据的集中趋势。它是指在一组数据中所有数据之和再除以这组数据的个数，也称为算术平均数。例如，我们想求一个班学生的平均身高，做法就是所有学生的身高加起来，然后再除以学生个数。

还有一种平均数叫作加权平均数，在实际问题中，往往一组数据中的各个数据的“重要程度”不一样，那么在算平均数的时候，会给每个数据一个“权”，然后再算平均，这样算出来的平均数称为加权平均数。例如，学校在计算学生最终成绩时按照平时测验占20%、期中考试占30%、期末考试占50%计算，那么在算学生的最终成绩时就得带上这个占比，也可以理解为“权”。

5. 中位数和众数

平均数也有不足之处，它容易受极端数据的影响。例如，在一个单位里，如果经理和副经理工资特别高，就会使得这个单位所有成员工资的平均水平也表现得很高，但事实上，除去经理和副经理之外，剩余所有人的平均工资并不是很高。这时，中位数和众数可能是刻画这个单位所有人员工资平均水平更合理的统计量。中位数又称中值，是统计学中的专有名词，是按顺序排列的一组数据中居于中间位置的数。例如，有 n 个数据，按大小顺序排列，处于最中间位置的一个数据（或最中间两个数据的平均数）叫作这组数据的中位数。一组数据中出现次数最多的那个数据叫作这组数据的众数。例如，一组数据 1，2，5，4，3，9，8，8，6 的中位数是 5，众数是 8。

平均数、中位数和众数有哪些特征?

平均数、中位数和众数都是描述数据集中趋势的统计量。

计算平均数时，所有数据都参加运算，它能充分地利用数据所提供的信息，因此在现实生活中较为常用，但它容易受极端值的影响。例如，体操比赛评分时，个别裁判的不公正打分将直接影响运动员的成绩，为此，一般先去掉一个最高分和一个最低分，然后求其余得分的平均数作为运动员的得分。

中位数的优点是计算简单，受极端值影响较小，但不能充分利用所有数据的信息。

一组数据中某些数据多次重复出现时，众数往往是人们尤为关心的一个量。例如选举，就是选择名字出现次数最多的那个人，因而可以将当选者的名字当作“众数”，但各个数据的重复次数大致相等时，众数往往没有特别意义。

6. 方差和标准差

在实际生活中，除了关心数据的集中趋势外，人们往往还关注数据的离散程度，即它们相对于集中趋势的偏离情况。一组数据中最大数据与最小数据的差（称为极差），就是刻画数据离散程度的一个统计量。数学上还会用方差或标准差来刻画数据的离散程度。

方差是各个数据与平均数差的平方的平均数，即

$$s^2=\frac{1}{n}\left[(x_1-\bar{x})^2+(x_2-\bar{x})^2+\cdots+(x_n-\bar{x})^2\right]$$

其中，$\bar{x}$ 是 x_1，x_2，…，x_n 的平均数，s^2 是方差。s 就是标准差，也就是方差的算术平方根。

当数据分布比较分散时，各个数据与平均数的差的平方和较大，方差就较大；当数据分布比较集中时，各个数据与平均数的差的平方和较小。因此方差越大，数据的波动越大；方差越小，数据的波动就越小。一般而言，一组数据的极差、方差或标准差越小，这组数据就越稳定。

10.2 案例：学生成绩统计分析

张老师是某中学八年级某班的数学老师。期末考试结束了，张老师想把成绩作个统计分析，比如统计班级学生成绩的平均分、优秀率、不及格率等，并能直观显示出来。还想看看大家的成绩分布情况，以及把这个班学生的期中成绩和期末成绩对比一下，看看哪些同学进步了，哪些同学退步了。张老师还希望能获得中等学生的成绩情况以及大多数学生的学习水平。你能通过计算机帮张老师完成这些内容吗？

10.2.1 编程前准备

在用计算机编程前，先解决以下几个问题。

问题 1：要统计哪些内容呢？

可以根据之前介绍的数据统计图表和统计值帮张老师完成这些内容。

（1）可以用扇形统计图来表示学生成绩的不及格率、优秀率等，因为扇形图的特点就是能看到各部分的占比，以及之间的大小关系。

（2）可以用条形统计图来表示学生成绩的分布情况，也就是把学生成绩分成几档，然后通过条形统计图可以直观地看到每档分数段学生人数，以及查看在整个分数段中学生人数分布情况。

（3）可以用折线统计图来对比学生的期中和期末成绩，可以清楚地看到学生进步或退步情况。

（4）可以用之前介绍求平均数的方法求学生成绩的平均分；可以通过对学生成绩排序找到中位数，看看中等学生的成绩情况；通过获得成绩的众数，来查看大多数学生的学习水平；通过求方差或者标准差来查看整班学生的成绩是分散的还是比较集中。

问题 2：如何用 Python 制作统计图表并计算统计值呢？

Python 一般使用 Matplotlib 制作统计图形。这里介绍一下 Matplotlib。

Matplotlib是Python中最受欢迎的数据可视化软件包之一，

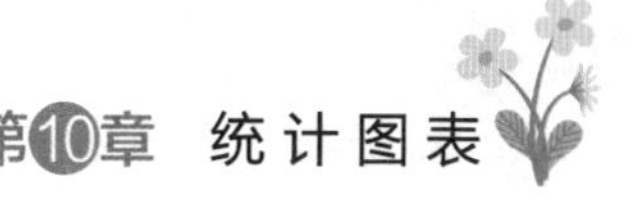

是用来绘制二维图形的 Python 模块。人们通常将 Matplotlib 与 NumPy、Pandas 一起使用，进行数据分析。Matplotlib 可以绘制多种形式的图形，包括折线统计图、条形统计方图、扇形统计图、散点统计图以及误差线图等，并且将这些图形导出为各种格式。它可以比较方便地定制图形的各种属性，如图线的类型、颜色、粗细、字体的大小等。它能够很好地支持一些排版命令，可以比较美观地显示图形中的数学公式等。

1. 安装 Matplotlib

如果环境中没有 Matplotlib 库，那先要安装 Matplotlib 库。使用的命令是 pip install matplotlib。

2. pyplot

pyplot 是 Matplotlib 的子库，它是常用的绘图模块，能方便地让用户绘制 2D 图表。它里面包含一系列有关绘图的函数，每个函数会对当前的图像进行一些修改，例如，给图像加上标记、生成新的图像、在图像中产生新的绘图区域等。使用的时候，可以使用 import 导入 pyplot 库，并设置一个别名 plt。

```
import matplotlib.pyplot as plt
```

这样就可以使用 plt 来引用 pyplot 包中的函数了。

3. NumPy

NumPy 是 Python 语言的一个扩展程序库，支持大量的维度数组与矩阵运算，此外也针对数组运算提供大量的数学函数库。本章要统计的平均数、中位数、方差、标准差都需要这个库中的函数来实现，虽然它没有现成求众数的函数，但是也可以通过别的函数间接求得。

1）安装 NumPy

如果环境中没有 NumPy 库，先要进行 NumPy 库的安装。使用的命令是：

```
pip install numpy
```

2）调用 NumPy 中的统计函数

在调用之前，可以使用 import 导入 numpy 库，并设置一个别名 np。

```
import numpy as np
```

这样就可以使用 np 来引用 NumPy 包中的函数了。例如：

```
np.mean() # 求算术平均值
np.median() # 求中位数
np.bincount()# 统计输入的数组中的每个值在非负整数数组
# 中出现的次数
np.argmax() # 求众数
np.var() # 求方差
np.std() # 求标准差
```

10.2.2 算法设计

了解了问题的需求，下面通过以下几个步骤完成任务。

（1）输入学号、期中考试成绩、期末考试成绩信息。

（2）通过控制结构中的循环和分支求出不同成绩段的学生数，这里对成绩划分了6个分数段，分别是：<50、50~59、60~69、70~79、80~89、≥90。

（3）画条形统计图，显示各个分数段的学生人数。这里要先设置横轴和纵轴。

（4）将学生成绩划分为 4 个等级，分别是：优秀（成绩 ≥ 90）、良好（70 ≤成绩 <90）、及格（60 ≤成绩 <70）、不及格（成绩 <60）。

（5）画扇形统计图，显示各个等级的学生占比。

（6）画折线统计图，显示期中和期末学生得分情况。

（7）分别统计期中和期末成绩的平均数、中位数、众数、方差、标准差，并通过条形统计图显示。

具体流程图如图 10-4 所示。

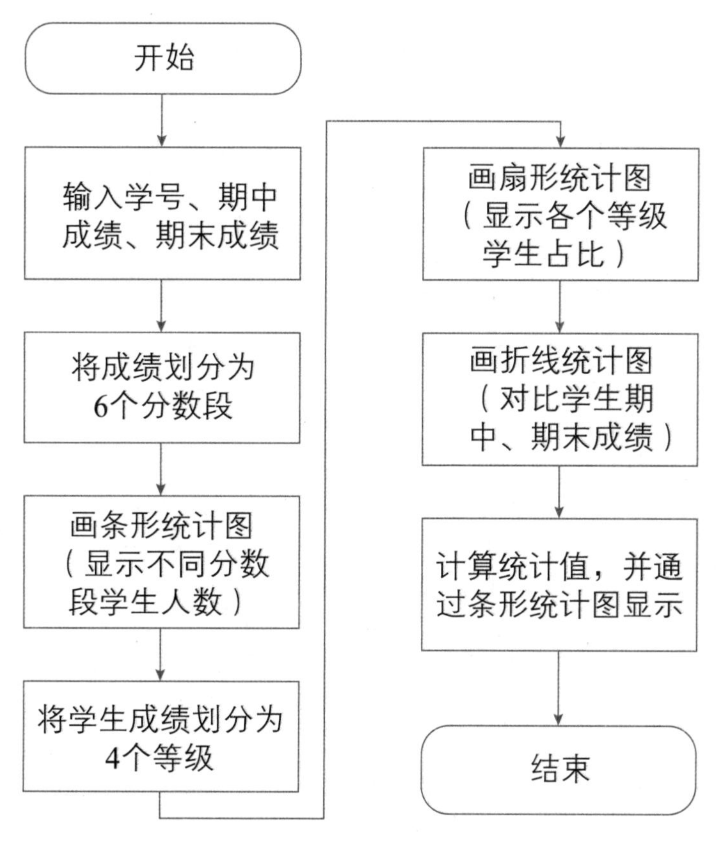

图 10-4　流程图

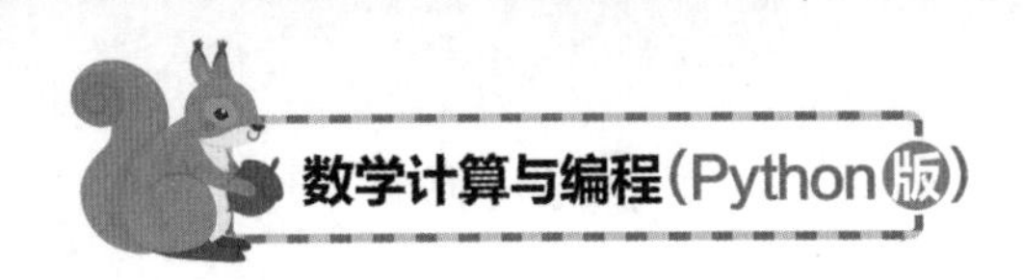

10.3 编写程序及运行

按照上述算法设计编写 Python 程序，这里用到两个标准库，用于绘图的 Matplotlib 库和用于统计计算的 NumPy 库。

10.3.1 程序代码

```
# 引入 pyplot 库
import matplotlib.pyplot as plt
# 引入 NumPy 库
import numpy as np
# 显示中文
plt.rcParams['font.sans-serif'] = ['SimHei']

#ID 为学号
ID=[101,102,103,104,105,106,107,108,109,110,111,112,
113,114,115,116,117,118,119,120,121,122,123,124,125,126,
127,128,129,130,131,132,133,134,135,136,137,138,139,140]
#score1 为学生的期中成绩
score1=[66,62,86,80,77,74,63,74,77,84,72,82,67,49,70,
60,85,72,86,86,81,96,74,70,88,68,88,73,90,60,50,89,68,67,
93,82,82,92,77,84]
```

```
#score2 为学生的期末成绩
score2=[79,60,58,86,77,46,50,62,96,89,68,85,98,53,85,
70,90,84,84,91,88,86,89,75,90,84,89,65,92,62,60,87,73,86,
76,92,92,88,92,76]

# 统计各个分数段的学生人数
h1=0
h2=0
h3=0
h4=0
h5=0
h6=0
for score in score2:
    if score >=90:
        h1+=1
    elif score>=80:
        h2+=1
    elif score>=70:
        h3+=1
    elif score>=60:
        h4+=1
    elif score>=50:
        h5+=1
    else:
        h6+=1
```

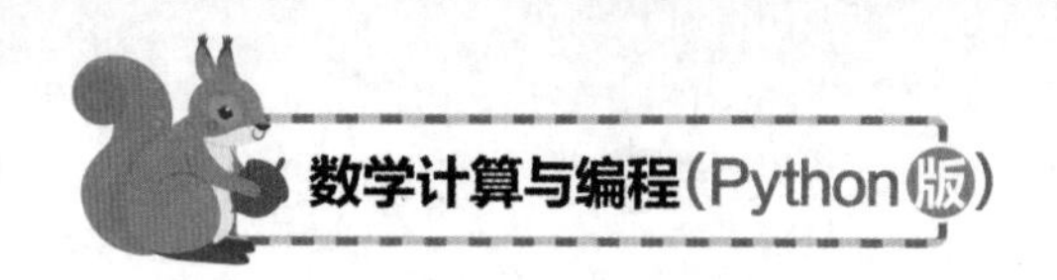


```
# 画条形统计图，显示各个分数段的学生人数
part=[h6,h5,h4,h3,h2,h1] # 各个分数段的学生人数的列表
labels=['<50','50~59','60~69','70~79','80~89','>=90'] # 分
# 数段
plt.title(' 学生期末成绩分段图 ') # 条形统计图标题
plt.xlabel(' 成绩 ') # 横坐标
plt.ylabel(' 人数 ') # 纵坐标
plt.bar(labels,part) # 绘制条形统计图
for x,y in zip(labels,part): #zip 函数将对象中对应的元素打包成
# 一个个元组
    plt.text(x,y,"%d"%y,ha='center',va='bottom') #text 函数
# 用于设置文字说明
plt.show() # 展示

# 画扇形统计图
# 统计期末考试中优秀、良好、及格、不及格的人数
excellent=h1
good=h2+h3;
pas=h4;
fail=h5+h6
part1=[excellent,good,pas,fail] # 各个等级的学生人数的列表
labels=[' 优秀 ',' 良好 ',' 及格 ',' 不及格 '] # 等级
plt.title(' 学生期末成绩分布图 ') # 扇形统计图标题
explode =[0.05,0.05,0.05,0.05] # 扇形之间的空隙大小
plt.pie(part1, labels=labels,explode=explode,autopct='%
```

```
1.2f%%')
plt.show()#展示

#绘制折线统计图，显示期中和期末学生得分情况
plt.plot(ID, score2, 'r',marker='*', markersize=3)# *表示
#在节点绘制五角星
plt.plot(ID, score1, 'b', marker='*',markersize=3)
plt.title('学生期中成绩和期末成绩对比图')  #折线图标题
plt.xlabel('学号')  #x轴标题
plt.ylabel('成绩')  #y轴标题
plt.legend(['期末', '期中']) #设置图例
plt.show()#显示图像

#分别统计期中和期末成绩的平均数、中位数、众数、方差、标准差，并通过
#条形统计图显示
labels=['平均分','中位数','众数','方差','标准差']
data = [[score1_avg,score1_median,score1_mode,score1_
var,score1_std],[score2_avg,score2_median,score2_
mode,score2_var,score2_std]]
plt.bar(labels, data[0], color = 'b', width = 0.25)#绘制期
#中成绩统计值
for x, y in zip(labels, data[0]):
    plt.text(x, y, '%d' % y, ha='center', va='bottom')
x1 = np.arange(len(labels))
x2 = [i+0.25 for i in x1 ]
```

```
plt.bar(x2, data[1], color = 'r', width = 0.25)# 绘制期末成
# 绩统计值
for x, y in zip(x2, data[1]):
    plt.text(x, y, '%d' % y, ha='center', va='bottom')
plt.title(' 学生期中和期末成绩统计值对比图 ')
plt.legend([' 期中 ', ' 期末 '])
plt.show()# 展示
```

10.3.2 运行程序

(1)条形统计图——学生期末成绩分段图,如图 10-5 所示。

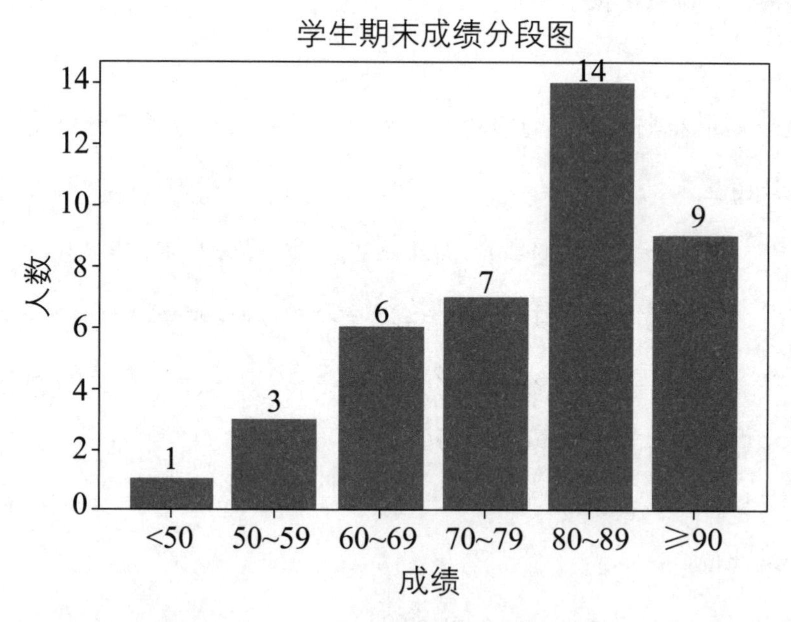

图 10-5　学生期末成绩分段图

从图中能清楚地看到各个分数段的学生人数分布情况。

(2)扇形统计图——学生期末成绩分布图,如图 10-6 所示。

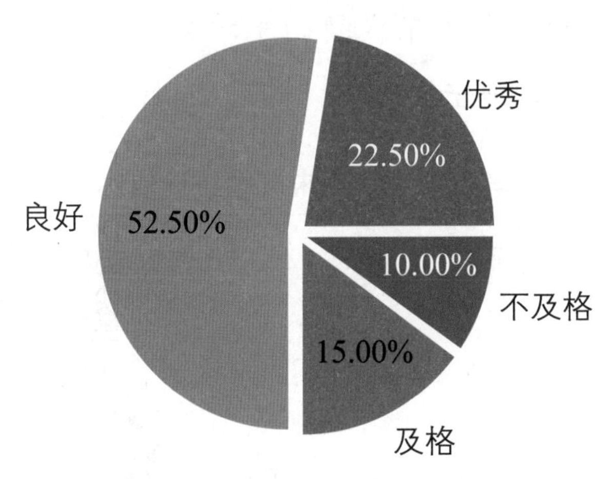

图 10-6 学生期末成绩分布图

从图中能清楚地看到各个等级的学生人数占比情况。

（3）折线统计图——学生期中成绩和期末成绩对比图，如图 10-7 所示。

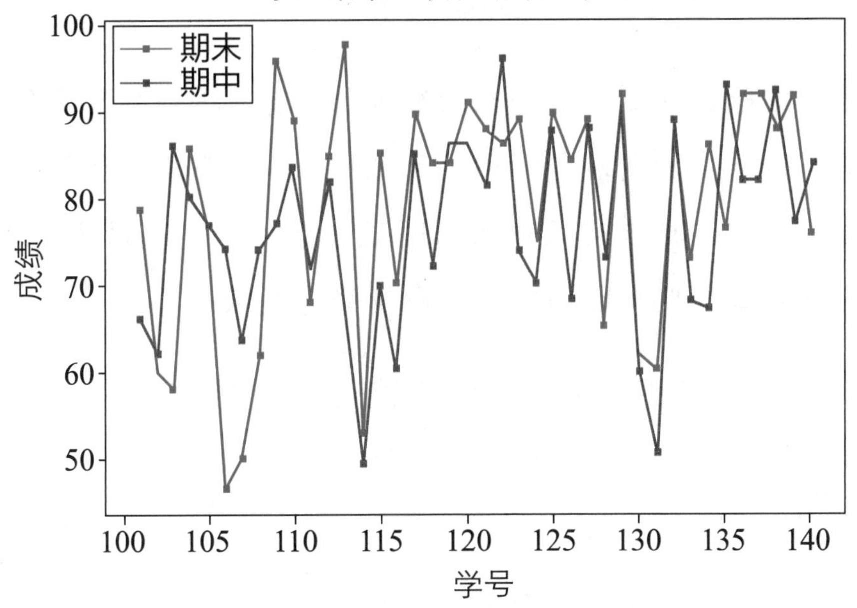

图 10-7 学生期中成绩和期末成绩对比图

从图中可以看到期中成绩和期末成绩的对比情况，也可以

看到进步学生和退步学生的学号。

（4）统计期中和期末成绩的平均数、中位数、众数、方差、标准差，如图 10-8 所示。

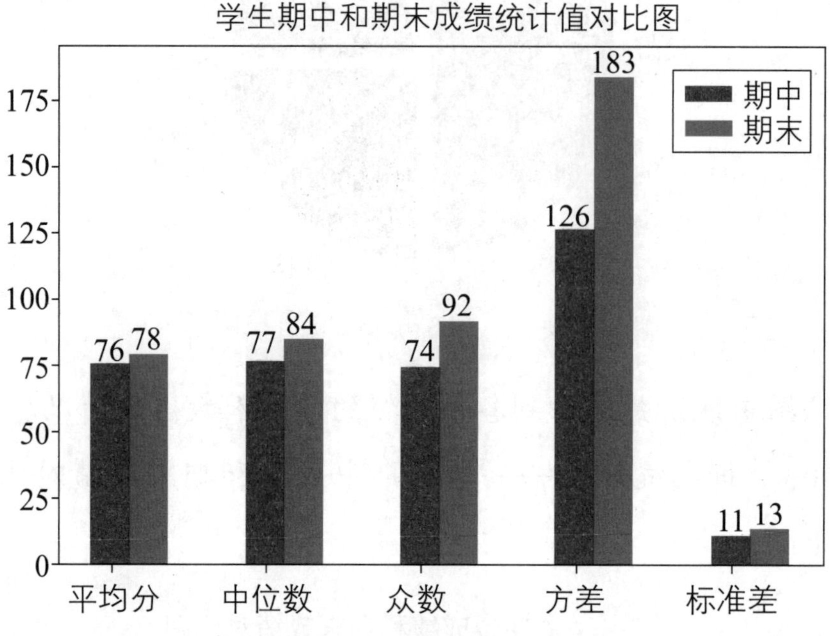

图 10-8　学生期中和期末成绩统计值对比图

从图中能看到期中和期末的统计值，通过平均分和中位数，可以了解到学生的期末成绩相对于期中来说，还是整体提高了。通过众数了解到期末得高分的人明显增多，但是通过方差和标准差的值来看，期末比期中学生成绩分布发散。

拓展训练

【思考】案例中只是介绍了一门课程的成绩统计，但是在现实生活中，一个学期会有很多门课程，想想如果再加上语文和英语成绩，能不能分析学生的整体学习状况呢？

【实践】案例中的数据是直接写到程序中的，也可以通过文件导入更多的数据，导入文件和读取文件中的数据也有专门的函数实现。除了我们介绍的几种统计图，现实生活中还会用到散点图、箱线图、热力图等，不同类型的图表示的功能不同。大家可以通过查阅资料来实践。

小　　结

本章介绍了折线统计图、条形统计图、扇形统计图的特点。学习目标是能读懂各种统计图，可以选择合适的统计图显示数据，会制作这几种统计图；根据实际需要，选择恰当的方法分析数据，会计算一组数据的平均数、中位数、众数、方差等，在实际背景中体会它们的含义。

通过引入 Matplotlib 库和 NumPy 库，利用其中的函数，编程完成绘制统计图，以及计算统计值。

本章的思维导图如图 10-9 所示。

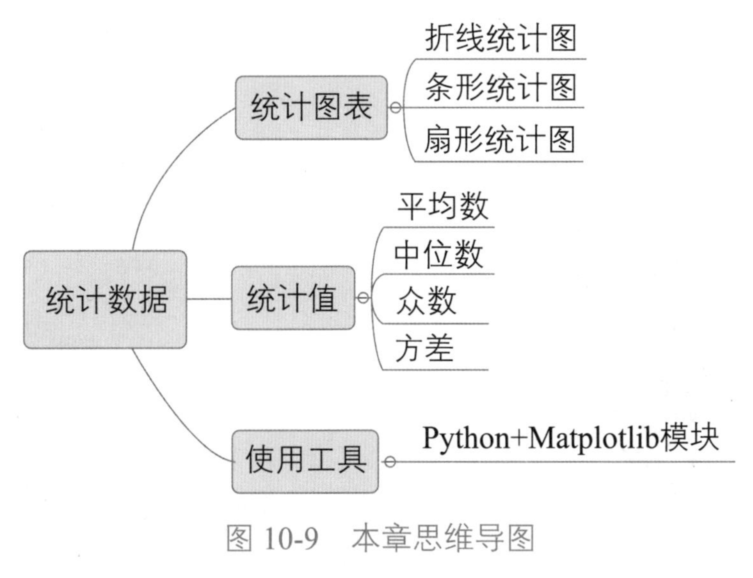

图 10-9　本章思维导图